特色热带作物
产业链一体化发展模式研究

王秀东 著

中国农业科学技术出版社

图书在版编目(CIP)数据

特色热带作物产业链一体化发展模式研究 / 王秀东著. --北京：中国农业科学技术出版社，2022.11
ISBN 978-7-5116-6039-8

Ⅰ.①特… Ⅱ.①王… Ⅲ.①热带作物-产业链-一体化-发展模式-研究-中国 Ⅳ.①F326.1

中国版本图书馆 CIP 数据核字（2022）第 225243 号

责任编辑　穆玉红　李　娜
责任校对　王　彦
责任印制　姜义伟　王思文

出 版 者	中国农业科学技术出版社
	北京市中关村南大街 12 号　邮编：100081
电　　话	（010）82105169（编辑室）　（010）82109702（发行部）
	（010）82109709（读者服务部）
网　　址	https：//castp.caas.cn
经 销 者	各地新华书店
印 刷 者	北京建宏印刷有限公司
开　　本	170 mm×240 mm　1/16
印　　张	7.5
字　　数	150 千字
版　　次	2022 年 11 月第 1 版　2022 年 11 月第 1 次印刷
定　　价	45.00 元

◁ 版权所有·翻印必究 ▷

本书得到

国家重点研发计划"特色热带作物产业链一体化示范"（2020YFD1001205-1）资助

特此致谢

前　言

特色热带作物在我国打赢脱贫攻坚战、促进乡村振兴和服务国家"一带一路"倡议中发挥着重要作用。习近平总书记指出，要推动乡村产业振兴，紧紧围绕发展现代农业，围绕农村一二三产业融合发展，构建乡村产业体系，实现产业兴旺。香辛料作物胡椒、饮料作物咖啡、工业原料作物橡胶、生物能源与粮食作物木薯是热带作物的重要组成和典型代表，其总种植面积和农业产值分别占全国热带作物的34%和13%，关系到5 000万百姓生计以及国家战略安全。但是，由于技术集成性差、产业链整合不完整等问题，特色热带作物产业存在整体效益偏低、可持续发展能力不强等短板弱项，直接影响农民增收和产业做强做优。鉴于此，本书立足于我国特色热带作物全产业链，聚焦胡椒、咖啡、橡胶和木薯等特色热带作物，系统分析了我国特色热带作物产业链一体化发展模式，并设计指标体系对其进行评价，提出了优化建议，具体包括以下四部分研究内容。

第一，特色热带作物产业发展现状与问题，重点掌握胡椒、咖啡、橡胶、木薯等特色热带作物生产、加工、销售情况，识别潜在的关键问题。第二，特色热带作物产业链一体化发展模式。根据在海南、云南等地的走访调查，系统梳理我国特色热带作物产业链一体化发展的典型案例，并根据案例总结发展模式和典型特征。第三，特色热带作物产业链一体化技术成效评价。重点对特色热带作物产业链一体化过程中新技术采纳所带来的成本降低、收益增加以及效率提升进行系统性评估，识别新技术能够带来的成效。第四，特色热带作物产业链一体化发展模式评价与优化。根据第二部分内容提出的我国特色热带作物产业链一体化发展模式，设定评价指标体系对各种模式的效益提升情况进行评价，再根据指标得分和评价结果提出优化策略，提升产业链一体化效益，为特色热带作物产业链一体化发展提供理论依据和典型示范。

根据研究内容，本书主要得出以下五点结论：一是特色热带作物产业发展已经取得显著成效。我国热带作物生产稳中有进,质量效益明显提升,产业结构不断优化,组织化水平不断提升。二是我国特色热带作物产业依然存在诸多问题。表现在热带作物产品结构仍需优化,产业链延伸不足,热带作物科技发展基础薄弱,缺乏产业竞争力,高素质人才不足,产业发展体制机制不健全。三是我国特色热带作物已经形成了产业链一体化发展模式。具体来看,胡椒产业形成产前抗逆种苗高效繁育技术优化创新、产中高效生产技术驱动、产后优质加工工艺与技术集成驱动的产业链一体化发展模式;橡胶产业形成了生产环节技术优化与支撑、加工环节技术支撑、销售环节培育新品牌的产业链一体化发展模式;木薯产业形成了关键技术集成创新应用模式、集成土壤养护和高效栽培技术应用、集成变性淀粉加工技术应用、集成副产物综合利用技术应用的产业链一体化发展模式;咖啡产业形成了多业态融合发展模式。四是特色热带作物产业链一体化技术成效十分显著。在其他条件不变的情况下,农户参与"木薯产业链一体化项目"可以使每亩化肥成本下降24.0%;参与"橡胶产业链一体化项目"农户人工成本下降约19%,农药投入成本显著下降约9.1%;参与"胡椒产业链一体化项目"每亩化肥使用量和每亩化肥成本分别下降28.7%和27%;参与"咖啡产业链一体化项目"能够改善农户种苗品质低、管理技术落后的不利处境,减轻农户种苗管理压力。五是从特色热带作物产业链一体化发展模式评价来看,木薯总得分最高为0.62分,其次是胡椒0.48分和橡胶0.16分;在经济效益评价中,胡椒得分最高为0.32分,其次是木薯的0.31分和橡胶的0.05分;在社会效益评价中,木薯得分最高为0.25分,其次是橡胶0.05分和胡椒0.01分;在生态效益评价中,胡椒得分最高为0.15分,其次是木薯0.06分和橡胶0.05分。

  基于以上结论,本书提出以下政策建议:一是强化政策扶持。结合乡村振兴战略和美丽乡村建设,推进特色热带作物发展统一规划、分步实施,整合项目资金。各地应当根据特色热带作物产业布局实际,结合加工、仓储等中心建设,加强对特色热带作物产业链一体化发展基地建设的可行性研究,为特色热带作物产业链一体化发展打下坚实基础。二是创新经营模式。持续深化农村改革,推进农业经营方式创新,培育壮大特色热带作物产业发展的创新创业群体,大力发展专业大户、家庭农场、合作社、龙头企业等产业发展主体,推动产业联合体建设。强化特色热带作物产业链一体化示范区建设，鼓励相关主体积极对接外贸公司，多渠道扩大特色热带作物出口。三是延伸产业链条。拓展农业功能，完善冷链物流体系建设，积极探索休闲农业与特色热带作物产业发展的有机结合模式，延长特色热带作物产业链条，提升产业附加值，探索集生产、加工、科技、营销、冷链、服务、休闲于一体的全产业链模式，推动特色热带作物生产、加工、旅游、服务等产业实现集聚集群发展，全面形成特色热带作物产加销、贸工农一体化的发展格局。四是提升品牌形象。举办特色热带作物产业发展大会等活动，巩固提升特色热带作物品牌知名度和影响力。积极打造品牌形象，推动特色热带作物品牌开放共用、区域品牌与商业品牌相得益彰。重视特色热带作物的质量提升，加强对加工产品、果实、栽培技术等国家标准的制定和完善，提升绿色生产水平，强化检验监管力度，完善产品追溯体系。五是强化技术支持。加大科技创新力度，加快转变特色热带作物产业发展方式。加快产业科技进步和创新，健全农业产业体系，积极引导农业"引进来"和"走出去"，加快转变农业发展方式。要突出发展特色热带作物现代种业，依托种业龙头企业，培育具有自主知识产权的新品种；加快智能农业建设步伐，依托农业物联网，实现精准施肥、智能灌溉、智能温室管理；要积极推进国际合作，重点推进特色热带作物产业高端要素集聚平台建设。六是推动绿色发展。大力发展绿色特色热带作物产业，提升农业可持续发展水平。围绕农业绿色发展，优化调整产业结构，促进产业链循环，增强绿色农产品和良好生态环境供给能力。要大力推行绿色控害技术，从源头上控制化学农药使用量；要保护耕地数量，提升耕地质量，通过增施有机肥料、微生物肥料，推广测土配方施肥等技术措施改良退化土壤；要全面推广特色热大作物产业节水农业和水肥一体化，因地制宜推广播前整地、深耕深松土壤、地膜或秸秆覆盖和秸秆还田等农艺节水技术。七是强化项目研究。在国家重点研发计划等技术集成与示范类的科技计划中，应同步设置效果评价类子课题，用科学的方法评价技术集成与示范类项目的实施效果，同时为保障农业技术研发与推广的有效对接与效率，组建专门的农技研发与农技推广服务团队，研发过程中充分考虑技术的实施成本、采用技术的便捷度等因素，为后续进一步推广应用奠定基础。

目 录

第1章 引　言 ·· 1
 1.1 研究背景与意义 ·· 1
 1.2 研究目标与内容 ·· 3
 1.3 可能的创新点 ·· 4
第2章 特色热带作物产业发展现状与问题 ························ 5
 2.1 特色热带作物生产现状 ······································ 5
 2.2 特色热带作物消费现状 ···································· 10
 2.3 特色热带作物贸易现状 ···································· 12
 2.4 特色热带作物产业技术现状 ································ 25
 2.5 我国特色热带作物产业存在问题 ···························· 27
 参考文献 ·· 30
第3章 特色热带作物产业链一体化发展模式 ···················· 32
 3.1 胡椒关键技术集成驱动发展模式 ···························· 33
 3.2 橡胶核心技术贯通产加销产业链发展模式 ···················· 37
 3.3 木薯：以种茎育苗与加工技术集成创新应用为驱动　打造
　　　产业发展新模式 ·· 40
 3.4 咖啡：以一二三产业深度融合发展模式为支撑推动产业
　　　高质量转型发展 ·· 48
 参考文献 ·· 51
第4章 特色热带作物产业链一体化技术成效评价 ················ 54
 4.1 评价方法 ·· 54
 4.2 数据分析 ·· 58
 4.3 评价结果分析 ·· 66
 参考文献 ·· 72

第5章 特色热带作物产业链一体化发展模式评价与优化 ············ 74
5.1 指标体系构建、研究方法与数据说明 ············ 74
5.2 评价结果分析 ············ 77
5.3 优化方案 ············ 81

第6章 结论与政策建议 ············ 83
6.1 主要结论 ············ 83
6.2 政策建议 ············ 84

附 录 ············ 86
附录1 调查问卷 ············ 86
附录2 访谈记录 ············ 96

第 1 章 引 言

1.1 研究背景与意义

产业融合及其一体化是现代产业发展的基本趋势。党的十九大报告强调"促进农村一二三产业融合发展,支持和鼓励农民就业创业,拓宽创收渠道",这意味着农村一二三产业融合及一体化发展将成为破解"三农"困局,实现乡村产业兴旺的一条重要路径。一般而言,产业融合包含产业链的分解、重构和升级等过程,并逐渐具备一体化特征,提升效益。进入 21 世纪后,我国农村发展取得了巨大进步,农业发展质量和农民生活水平显著提升,"三农"形势逐渐向好。但新时期以来,农村空心化、农业边缘化等问题日趋突出,并进一步导致农民长期稳定就业增收难度加大。我国发展最大的不平衡是城乡发展不平衡,最大的不充分是农村发展不充分。我国"三农"困境的根源在于农村生产力水平落后,农业农村现代化滞后。一方面,我国农业劳动生产率低,传统农产品市场活力不足、竞争乏力。20 多年以来,我国农业比较劳动生产率徘徊在 0.3 左右。以玉米为例,2018 年我国每吨玉米的产出成本是美国的 2.21 倍。另一方面,作为"传统部门"的农业与作为"现代部门"的二三产业互动不足,农业产业链短且窄,农产品加工转化率较低。数据显示,2019 年农产品加工业产值是农业的 2.3 倍,发达国家则平均为 3.5 倍。总体来看,我国传统农业农村发展模式已经很难适应现代经济发展要求。在此背景下,农村地区如何跳出农业并且超越农业,进一步开辟农村产业发展新路径,拓宽农民就业创收新渠道,成为破解新"三农"困局,实现乡村产业兴旺必须直面的紧迫课题。

针对新形势下"三农"困局,我国政府顺应农业农村领域产业融合发展的客观趋势,提出将产业链、价值链等现代产业组织方式引入农业,推动农村一二三产业融合和产业链一体化发展。农村产业融合发展成为拓展农村产业新空间,破解"三农"困局的重要路径,具体表现在以下三个方面。第一,农村产业融合发展有利于创新现代农业发展模式,升级农村产业结构。新一代数字技术、生物技术、农产品加工技术不断向农业领域渗透,以技术、知识、信息、数据要素替代劳动力、土地、水等要素在农业的投入,使得农业逐渐转变为技术和知识密集型产业。与此同时,农村产业融合发展能够将现代工业标准化理念和服务业人本理念注入农业农村,拓展农村产业链增值空间,推动传统农业经济转向现代农村多元经济,让农业真正地"跳出农业""超越农业"。第二,农村产业融合发展有利于就地就近拓展农民就业增收渠道。以利益联结机制为纽带,广大农民利用龙头企业、互联网平台、合作社等市场主体综合带动优势,不仅能够促进农业专业化、集约化生产,增加农业生产经营收益,而且能够就近就地发展农产品加工、农文旅产业等,从而分享全产业链增值收益。第三,农村产业融合发展是促进城乡循环融合,创造新的农村增长极,进而降低农村空心化带来的负面效益,使农村本土优质人力资源留在农村,外来人口流向农村,激发农村人口活力。农村产业融合发展推动农业与二三产业高效对接,能够将生态资本、文化资本变为富农资本,激发农业潜在的多功能性,形成农村"三生"融合发展、城乡循环互动的新发展格局。

在此背景下,立足国家乡村振兴战略,探寻产业链一体化载体,并进一步系统探究产业链一体化发展模式成为一项重大课题。从现阶段来看,聚焦我国热带等典型区域以及特色作物具有重大的战略意义。具体而言,我国热带、南亚热带地区土地面积约 48 万 km^2(不含中国台湾地区),约占国土面积的 5%,主要包括海南全省、广东、广西、云南、福建、贵州、四川、湖南、西藏等省(自治区)的部分地区。我国热带地区的热作产品主要包括天然橡胶战略资源与木薯、剑麻等工业原料,也包括热带水果、咖啡等日常消费品,均具有重大的战略作用。目前,我国已经形成了以天然橡胶为核心,热带水果、热带油料作物、热带香辛饮料作物、热带糖能作物等产业为辅的热带作物产业总体布局。随着经济的深入发展,我国对热带农产品需求量日益增长,如天然橡胶消费量年均增速达到 14%,热带能源作物木薯消费量年均增速超过 20%。但是,我国热带农作物种植面积十分有限,产量也比较小,进口依赖程度较高。同时,受区域全面经济伙伴关系协定(RCEP)等自贸协议的影响,我国热带农产品产业面临更加激烈的竞争压力。

本书对推进产业链一体化发展，确保产业链各主体有效衔接，提高我国特色热带作物生产效益具有重大的现实意义。

1.2 研究目标与内容

1.2.1 研究目标

特色热带作物具有用途广泛、经济价值高、产品种类多、附加值高、产业链延伸空间大等特点，但目前产业存在技术集成性差、整体效益偏低、产业链与价值链融合性不强等问题。为破解我国特色热带作物产业链一体化发展的各种瓶颈制约，本书在已有研究成果的基础上，重点从产业链关键技术集成优化创新和一体化模式构建与应用两个层面开展研究工作，主要的研究目标是：设计特色热带作物产业链一体化发展评价指标体系，并构建数学模型评估发展效果，进一步归纳特色热带作物产业链一体化模式典型经验，提出优化建议，推动实现创新技术链推进产业链一体化模式构建与推广应用。

1.2.2 研究内容

围绕上述研究目标，本书研究内容主要包括以下四个部分：一是特色热带作物产业发展现状与问题，重点掌握胡椒、咖啡、橡胶树、木薯等特色热带作物的生产、加工、销售情况，并识别潜在的关键问题；二是特色热带作物产业链一体化发展模式，根据在海南、云南等地的走访调查，系统梳理我国特色热带作物产业链一体化发展的典型案例，并根据案例总结发展模式及其典型特征；三是特色热带作物产业链一体化技术成效评价，重点对特色热带作物产业链一体化过程中新技术应用所带来的成本降低、收益增加以及效率提升进行系统性评估，识别新技术可能带来的成效；四是特色热带作物产业链一体化发展模式评价与优化，根据第二部分研究内容提出的我国特色热带作物产业链一体化发展模式，设定评价指标体系，并分作物品种对现有模式效益提升进行评价，然后根据指标得分和评价结果提出优化策略，提升产业链一体化效益，为特色热带作物产业链一体化发展提供理论依据和典型示范。

1.3 可能的创新点

与已有研究相比，本书可能的创新之处主要有以下两个方面：一是能够实现整体效益提升的特色热带作物产业链一体化示范。本书构建"龙头企业+合作社+农户"和"科技全程注入"产业合作模式，通过全产业链关键技术组装和产业化应用，有效衔接"产、供、销"，整合产业链、共享价值链，在我国重点区域及"一带一路"沿线国家进行产业链一体化模式典型示范，能够有效解决技术集成性差、整体效益偏低等问题，推动实现一二三产由"物理性融合"向"化学性融合"转变。二是构建了包含"市场—农户—规模企业—区域发展"的特色热带作物产业链一体化发展评价体系，产业链一体化评价结果科学性得到了显著提升。本书重点运用分工理论、产业集群理论、交易成本理论，开展特色热带作物技术创新链推动产业链一体化内生发展动力及外生影响机制的突破性创新研究，有效解决了特色热带作物技术创新链推进产业链一体化发展模式评价时依据缺失等现实问题，能够为创新技术链推进产业链一体化模式构建和推广应用提供理论指导。

第 2 章 特色热带作物产业发展现状与问题

我国热带、南亚热带地区主要包括海南全省，广东、广西、云南、福建、贵州、四川、湖南、西藏等省（自治区）的部分地区，土地面积约 48 万 km^2（不含中国台湾地区），占国土面积的 5%。我国是世界热带作物生产大国，品种丰富、种类繁多、功能多样，种类占全国植物种类的 2/3。热作产品既包括天然橡胶战略资源与木薯、剑麻等工业原料，也包括热带水果、咖啡等日常消费品。香辛料作物胡椒、饮料作物咖啡和工业原料作物橡胶树、生物能源与粮食作物木薯是热带作物的重要组成和典型代表，其种植面积和农业产值分别占全国热带作物的 34% 和 13%。特色热带作物在我国打赢脱贫攻坚战、促进乡村振兴和服务国家"一带一路"倡议中发挥着重要作用。习近平总书记指出，"要推动乡村产业振兴，紧紧围绕发展现代农业，围绕农村一二三产业融合发展，构建乡村产业体系，实现产业兴旺"。当前全国特色热带作物供给侧结构性改革初见成效，特色热作产业发展质量总体向好，成为热区乡村振兴的农业支柱产业和农民脱贫致富的重要收入来源。我国热带作物产业正加速向现代化全产业链转型、向高质量高效益阶段迈进。

2.1 特色热带作物生产现状

2.1.1 生产稳中有进，质量效益明显提升

2020 年，全国主要热带作物（不含甘蔗，下同）种植面积 6 895.7 万亩（1 亩 ≈ 667 平方米，全书同），比 2015 年增长 6.3%；热作总产值 1 966.9 亿元，比 2015 年增长 77.4%。在占用土地等资源基本不变的条件下，热作产值大幅提升，产业发展方式由数量扩张逐步向质量效益提升转

变。我国种植面积超过100万亩的热带、南亚热带作物有13种。荔枝面积712.0万亩、产量235.9万t，龙眼面积412.4万亩、产量157.5万t，柚子面积330.5万亩、产量485.6万t，火龙果面积99.7万亩、产量152.6万t，八角面积629.0万亩、产量20.5万t，澳洲坚果种植面积399.2万亩，均居世界第一位；天然橡胶种植面积和干胶总产量分居世界第三、第四位；香蕉、杧果、菠萝、西番莲、剑麻、槟榔、肉桂的面积和产量均居世界前十位。

天然橡胶生产情况。生产形势方面，2021年我国天然橡胶生产形势好于上年。2020年冬季气温较低，云南植胶区达到5℃，海南和广东植胶区气温低至10℃并持续5d以上，海南中部山区局部短时间气温达到0℃。2021年1—2月适度干旱，可促进橡胶树叶片衰老、脱落。至2月底，全国植胶区报告橡胶树整齐落叶，新叶芽同步萌发。2021年3月，云南西双版纳主产区夜间气温低到15℃左右并有大雾，未成熟的橡胶树叶片感染白粉病，约70%的开割树严重落叶，重新长叶后到5月中下旬才能开割；云南省其他州（市）的橡胶树物候正常，在4月上中旬开割。海南和广东的橡胶树没有受到异常天气因素影响：海南3月25日少量开割，4月10日全面开割；广东4月15日全面开割。2021年全国天然橡胶总体生产形势比2020年好。

产量方面，全年割胶时间比上年长。海南、广东植胶区比2020年早开割50~60d；云南西双版纳主产区虽然比正常年份晚开割，但是总体比上年早10d左右。全面开割后，除海南植胶区10月遭遇连续20d的台风雨天不能割胶外，全国其他植胶区全年生产比较平稳。虽然冬季低温天气来得早，比以往几年早5d停割，全国各地割胶时间仍然比上年长10~50d。割胶面积大于上年。2021年开割前1—3月，国内外天然橡胶价格好于过去3年，在一定程度上稳定了胶农的割胶意愿。其次，受新冠肺炎疫情影响，城镇服务业等就业机会减少，部分"就业摇摆型"胶农、胶工放弃外出打工。最后，海南省部分县市和海南天然橡胶产业集团股份有限公司实施天然橡胶价格（收入）保险政策，促进了天然橡胶生产，2021年全国天然橡胶产量85.32万t，比上年同期69.36万t增产23.10%。

咖啡生产情况。生产形势方面，2019年（2019/2020年产季）我国咖啡种植总面积9.35万hm^2，总产量14.55万t，农业总产值22.37亿元。

其中，云南省咖啡种植涉及 9 个州（市）、33 个县（市、区），咖啡面积、产量和产值分别占全国的 98.93%、99.66% 和 99.60%。此外，广东、广西、福建、贵州、西藏等省（区）有少量栽培，未纳入统计。2010—2019 年我国咖啡种植总面积在 6.20 万~12.37 万 hm^2 波动（图 2-1），平均增长 14.43%，而全球收获面积平均增长率仅为 0.04%；其中，2019 年（2019/2020 年产季）我国咖啡种植总面积 9.35 万 hm^2，较上年下降 23.77%，占全球收获面积 1 058.28 万 hm^2 的 0.88%。2014 年前我国咖啡面积呈正增长趋势，2015 年后咖啡面积呈萎缩趋势，2019 年（2019/2020 年产季）比 2014 年的 12.37 万 hm^2 减少了 3.02 万 hm^2。

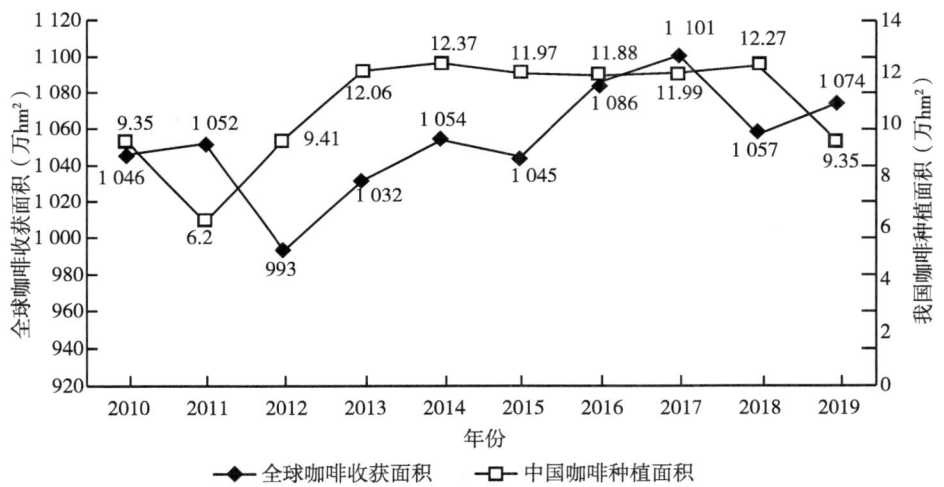

图 2-1　咖啡种植总面积增长趋势（2010—2019 年）
数据来源：FAO 数据库，农业农村部数据统计

产量方面，2010—2019 年我国咖啡产量在 4.96 万~16.03 万 t 波动，平均增长率 15.70%（图 2-2），而全球咖啡产量平均增长率仅为 2.77%；其中 2019 年（2019/2020 年产季）我国咖啡总产量 14.55 万 t，较上年下降 5.51%，我国咖啡总产量占全球 1 001.62 万 t 产量的 1.45%。

木薯生产情况。木薯是三大薯类作物之一，具有"淀粉之王""地下粮食"和"能源作物"之称。木薯是热带地区和国家的第三大粮食作物，世界近 6 亿人的口粮木薯用途广泛，尤其是木薯块根，富含淀粉，可用于淀粉工业、酒精工业、医药工业、饲料工业和食品工业等。木薯于 1820

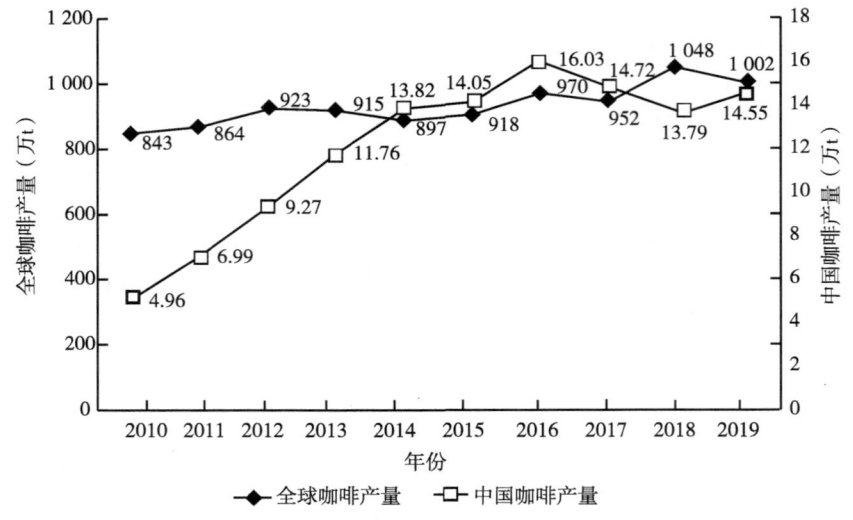

图 2-2 咖啡豆产量增长趋势（2010—2019 年）

数据来源：FAO 数据库，农业农村部数据统计。

年从南洋（马来西亚）传入我国，目前主要分布在广西、广东、海南、云南、福建、贵州、湖南和江西等省（自治区）。2019 年，我国木薯收获面积为 29.92 万 hm²，居世界第 16 位；总产量 498 万 t，居世界第 15 位。目前，中国木薯生产区域主要分布在广西、广东、海南、云南、福建、江西、湖南、台湾等省（区），其中广西与广东是中国最重要的两大木薯生产地，这两地的木薯产量占中国木薯产量的 90% 以上。

2014—2019 年，木薯种植面积和产量则呈不断上升的趋势，木薯种植面积从 2014 年的 291 651 hm² 增长到 2019 年的 299 607 hm²，每年增长率为 0.49%，而总生产量从 2014 年的 468.9 增长到 497.2 万 t，增长率为 1.24%。如今，木薯生产和加工已成为中国一项新兴产业，在中国旱地农业中起着日益重要的作用。随着中国政府连续颁布《中华人民共和国可再生能源法》《中华人民共和国可再生能源法》等政策，在目前中国面临粮食安全与能源危机的情况下，以上政策对生物质能源与粮食安全的走强发展进行了支持与帮助，再加上以木薯淀粉为原料的系列产品开发（如农民用能源酒精和淀粉薄膜的逐步开发应用)，将使得中国木薯行业的发展趋势更强。

2.1.2 产业结构得到优化，组织化水平不断提升

主要热带作物继续向优势区域集中，区域布局和资源配置更趋合理。国务院《关于建立粮食生产功能区和重要农产品生产保护区的指导意见》指出，以海南、云南、广东为重点划定1 800万亩天然橡胶生产保护区，良种覆盖率超过90%，开割橡胶树比例超过70%，甲等胶园占比超过65%，气候条件不适宜、综合效益较差的等外胶园逐步淘汰，胶园结构进一步优化。在热区创建了广东茂名、海南陵水等5个国家现代农业产业园和广西平南龙眼、云南文山三七等22个特色农产品优势区。木薯、咖啡等产业链条向后端延伸，西番莲、火龙果等特色高效农业强势发展，香蕉、杧果、荔枝等主流热带水果的货架期持续拉长，产品数量、质量和多样性紧扣消费需求而不断升级。

热区种植大户、家庭农场、农民合作社等新型经营主体较快发展，社会化服务体系进一步完善，国家级和省级热作产业化龙头企业分别达到62家和590家，专业合作社45 000个。培育了一批具有影响力的地域品牌和产品品牌，宝岛、美联、五指山、金凤、云象、中化、广垦、曼列8个橡胶注册商标列入上海期货交易所交割品牌。

以广垦集团公司、广西农垦明阳生化科技股份有限公司和广西中粮生物质能源有限公司为例。目前，广垦集团在国内外拥有97家天然橡胶科研、种植、加工、贸易实体，种植面积达200多万亩，年加工能力150万t，约为世界天然橡胶总产量的1/8，可满足约20%的国内消费量，是全球最大的天然橡胶全产业链经营企业，也是全球首家产品同时获得新加坡、东京和上海期货交易所交割认证的天然橡胶企业。广垦集团拥有亚洲最大的剑麻种植基地和全国唯一的剑麻农业、工业研究所和技术开发中心。垦区甘蔗种植面积约占广东一半，建立了全国面积最大、水平最高的甘蔗全程机械化种植基地，年产糖量占广东50%以上。同时，公司已打造3家农业产业化国家重点龙头企业，17家广东省重点农业龙头企业，2个国家级产业集群项目，2个国家现代农业产业园，1个省级现代农业产业园，3个中国特色农产品优势区，7个农场（公司）获批创建农业产业强镇，5个粤港澳大湾区"菜篮子"生产基地。35个产品获"全国名特优新农产品"称号，31个产品分获"三品一标"认证，5个产品获"广东省十大名牌系列农产品"称号，30个产品被评为"粤字号"农业品

牌，8个企业品牌获中国农垦企业品牌认证、7个企业产品获中国农垦产品品牌认证。在推动产业发展上，各龙头企业建立了"一核、多园N基地"等有序发展路径。"一核"是指核心示范区，主要完成优良品种的选育和开发推广优质的生态养殖技术；"多园"是指特色产业示范园，针对核心示范区的适应性品种，连片种植，形成适当规模；"N基地"是指大规模高质原料生产基地，针对示范园中盈利效果突出的产业，打造驰名柬埔寨乃至东南亚国家的大规模、标准化的优质原料生产基地。

广西农垦明阳生化集团股份有限公司为高新技术企业、农业产业化国家重点龙头企业及国家扶贫龙头企业，建有木薯变性淀粉湿法生产线、干法生产线、预糊化生产线、黄糊精生产线和酒精生产线，业务范围包括木薯良种推广种植及淀粉和酒精深加工，倾力打造"明阳"和"潭峰"2个品牌，是目前我国最大且集研制、生产、销售，应用技术服务于一体的木薯变性淀粉生产企业，整合建立"公司+科研单位+基地+农户"的经营模式能有效解决原料供应不足的瓶颈问题。

广西中粮生物质能源有限公司是经国家发展和改革委员会立项批准的国内第一个非粮燃料乙醇项目，该企业建有一条燃料乙醇生产线，年产14万t食用酒精、工业酒精及燃料乙醇，同时拥有一条铁路专用线，能顺利将产品销售至广州等地；自备一座电站及一座污水处理系统，能兼顾生产效益和生态效益。

2.2 特色热带作物消费现状

2.2.1 我国天然橡胶消费现状

轮胎生产增长拉动天然橡胶消费。2021年我国轮胎生产和出口延续2020年下半年的快速增长趋势，同时，美国对我国台湾地区和越南、泰国、韩国的轮胎反倾销调查，也给我国轮胎出口增加机会。据国家统计局数据，2021年我国轮胎产量增长10.80%，达到89 910.80万条。其中，中国橡胶工业协会统计的汽车轮胎产量达到6.97亿条，同比增长9.94%。轮胎出口增长幅度更加突出，据中国海关数据统计，2021年我国轮胎出口量达到5.92亿条、合700.84万t，同比分别增长23.98%和16.04%。

胶乳制品生产和出口量增长。自从2020年新冠肺炎疫情暴发增加检查手套需求量后，我国橡胶检查手套生产和出口保持较快速度增长。尤其是 2021 年 7 月东南亚地区新冠肺炎疫情恶化，部分手套工厂涉疫停工，原先投向东南亚国家的手套订单转向我国。据中国海关数据统计，2021 年我国橡胶手套出口量同比增长 89.11%，达到 35.71 万 t。尽管新冠肺炎疫情抑制了国内外旅游业的正常运行和发展，影响了乳胶发泡制品的销售，但是我国乳胶发泡制品行业通过提质、降价和网店营销等手段稳定国内销售，同时也积极开拓国外市场。2021 年，我国乳胶发泡制品生产和出口仍然取得较好的成绩，据海关数据统计，我国乳胶发泡制品出口量同比增长 8.97% 达到 52.02 万 t。

以天然橡胶替代合成橡胶。正常情况下，天然橡胶（全乳胶、SCR5）与合成橡胶（丁苯橡胶）每吨价格差稳定在 1 000～1 500 元。2021 年，因原油价格快速上涨，推动合成橡胶价格长时间迫近甚至高于天然橡胶价格，下游橡胶制品业增加天然橡胶的使用比例。天然橡胶部分替代丁苯橡胶、顺丁橡胶，浓缩胶乳替代丁苯胶乳。工厂调研证实，国内乳胶发泡制品企业已经减少丁苯胶乳的混用比例，甚至有的已经停用。轮胎等橡胶制品生产和出口增长、天然橡胶部分替代合成橡胶共同拉动 2021 年我国天然橡胶消费。经测算，2021 年我国消费天然橡胶 598.70 万 t，比上年增长 6.02%。

国内天然橡胶库存减少。2021 年 6 月以来，国内浓缩胶乳价格较快下跌，期货交割品全乳标准胶的产量增加，期货库存量增加。截至 2021 年年底，上海期货交易所天然橡胶库存达到 30.00 万 t，同比增加 37.70%。但是，由于燃油价格上涨和海运需求快速增长引发海运费飙升，欧美日等发达国家的需求拉升国外天然橡胶价格，进口天然橡胶有时甚至高于国内价格，并且到货期不确定，这些原因共同促使国内消费库存天然橡胶。参考橡胶行业资讯公司的监测，测算青岛保税区内外库存从 2020 年年底的 78.50 万 t 减少到 2021 年年底的 32.40 万 t，同比减少 58.73%。

2.2.2 我国咖啡消费现状

近年来，中国咖啡消费迅速崛起，持续以 20% 的速度增长，是世界咖啡消费增长速度的 10 倍左右。目前国内的咖啡产量 99% 都来自云南，云南咖啡产业逐步成长为我国热带农业产业的典型代表，成为中国参与全球市场竞争的重要农产品。

随着国内咖啡消费市场的增长，国家农业发展规划开始关注我国的咖啡行业发展，2012 年国家发展和改革委员会《食品工业"十二五"发展规划》在针对具有资源优势的饮料产品工业发展中，重点提出大力发展咖啡饮料。2017 年，云南省针对高原特色现代农业公布了"十三五"咖啡行业发展规划，从咖啡种植计划、品质工程、品牌建设、国内市场开拓、国际交流合作等方面积极布局咖啡产业发展；2021 年，云南省继续针对咖啡产业发布了"十四五"规划，顺应当前国内咖啡需求端的增长，力争在中国的咖啡消费热潮中抓住国内咖啡豆供应机遇，提升我国咖啡产业价值链。

然而，与国内咖啡消费快速增长局面相悖的是我国咖啡的价格。长期以来，为迎合消费市场的喜好，我国云南咖啡被低价出口海外，许多国内咖啡企业再以高出原价数倍的价格进口被外商贴牌包装后的云南咖啡。2012 年中国果品流通协会咖啡豆分会针对中国咖啡产业发展做出简析，自 2010 年以来，国内咖啡消费增长加快趋势明显，2000—2010 年，中国生豆出口和进口量相当，焙炒咖啡豆进口大于出口。而在中国咖啡消费需求增长的同时，国内咖啡产业却几度受到种植成本上升和利润下降的双向夹击。

2.2.3 我国木薯消费现状

木薯和红薯以及马铃薯是全球三大薯类作物，有淀粉之王的称呼。我国每年的木薯消费量不断增长，在 2020 年中国对木薯粉的需求量高达 171.71 万 t，目前，我国的木薯需求大多靠国外进口来解决，比如在 2017 年我国木薯进口总量为 233.15 万 t，占消费总量的 90%，相当于中国消耗的木薯中有绝大部分都来自国外进口，主要进口国为东南亚国家，比如越南、泰国、柬埔寨，等等。

2.3 特色热带作物贸易现状

目前，中国已形成了以天然橡胶为核心，热带水果、热带油料作物、热带香辛饮料作物、热带糖能作物等产业为辅的热带作物产业总体布局。随着国民经济的不断发展，中国热带农产品需求量日益增长，如天然橡胶消费量年均增速达到 14%，热带能源作物木薯消费量年均增速超过 20%。但是，中国热带农产品种植面积有限，产量较小，部分依赖进口。同时，受区域全面经济伙伴关系协定（RCEP）等自贸协议的影响，中国热带农产品产业面临更激烈的竞争压力。因此，厘清中国特色热带农产品的进口需求结构以及进口需求弹性，对于科学研判热带农产品进口市场的竞争格局、更好地利用国内国外两种资源两个市场有重要的理论和现实意义。

2.3.1 中国热带农产品进口量分析

近年来，中国热带农产品产业发展迅速，产品需求量逐年增加，产业规模不断扩大。其中，2015年中国天然橡胶种植面积达到了80万hm^2，后续几年为了扩大天然橡胶种植规模，通过不断整合、优化种植结构，中国天然橡胶产业初步实现规模化和效益化；胡椒自1947年引入国内种植，种植面积已超过3万hm^2，年总产量超过3万t；随着人民生活水平的不断提高以及中西方文化的融合，中国咖啡消费需求逐渐旺盛，咖啡种植规模不断扩大；中国同时还是世界上最大的木薯消费国。然而，由于单产水平相对较低、加工工艺相对落后、缺乏市场竞争力，自2001年加入世贸组织以来，中国木薯、天然橡胶、咖啡、胡椒四种热带农产品的进口规模迅速扩大（图2-3），进口量均在2015年达到历史新高。其中，木薯进口量达到1 875.28万t，天然橡胶、咖啡和胡椒的进口量分别达到547.04万t、11.68万t和1.49万t。2016年木薯和天然橡胶价格剧增，中国木薯、天然橡胶的

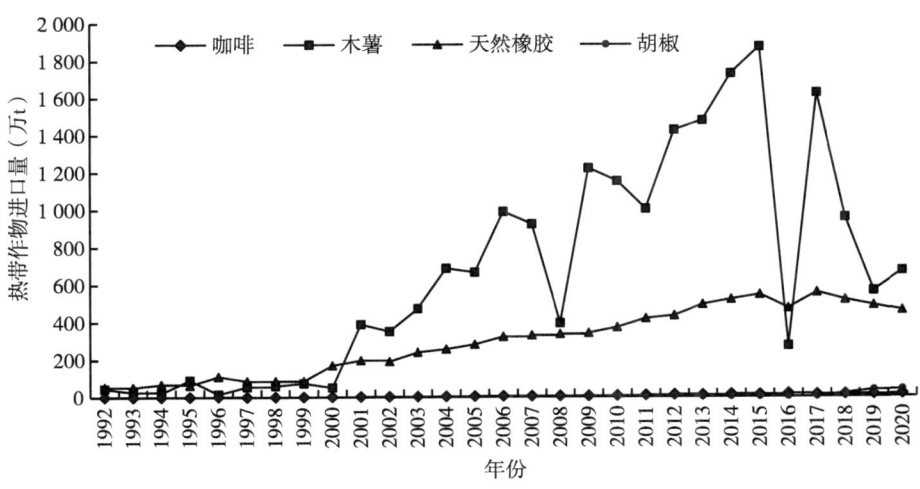

图2-3 中国主要热带农产品进口量变化

资料来源：中国海关总署进出口贸易数据库和联合国商品贸易数据库。

进口量出现短暂下降后恢复增长趋势。2019年底新冠肺炎疫情暴发，部分边贸口岸关闭、产品流通受阻，2020年中国木薯、天然橡胶的进口规模分别下降到670.99万t、459.70万t。而胡椒和咖啡的进口量总体上呈增长趋势，2020年，中国咖啡和胡椒进口量分别为14.11万t和38.05万t。

从进口品种来看，木薯进口量占比最高，天然橡胶次之，咖啡和胡椒进口较少；从进口量变化趋势来看，四种热带农产品总量波动较大，先快速上升，后有所下降。第一，中国木薯进口量远大于其他各类热带农产品进口量，占热带农产品进口总量的比重相对最大。木薯进口量占比从2000年的22.9%增长到2015年的77%，虽然2016年进口量占比短暂下降，但之后基本保持在50%以上。第二，天然橡胶进口量占比位居次席，自2000年以来，天然橡胶进口量呈稳定增长趋势。第三，咖啡和胡椒进口量占比相对较低，总体呈不同程度的递增趋势。自2017年开始，胡椒进口量迅速增加，进口量占比从2017年的0.1%上升到2020年的3.2%，其主要原因是，中国胡椒产品种类较少，国内市场销售以进口胡椒产品为主，进口依存度超过75%。

2.3.2 中国热带农产品进口市场格局分析

进口数量方面，泰国一直稳居第一，越南、印度尼西亚、马来西亚居于其后。进口比重方面，泰国、越南、印度尼西亚和马来西亚是中国进口热带农产品的主要来源地，仅4个国家的热带农产品进口量合计就已占中国热带农产品进口总量的80%以上。可见，中国热带农产品对东盟国家的进口依赖度相对较高。

中国热带农产品进口来源地集中度较高且来源地之间市场竞争关系明显。第一，从2001年开始，中国大量进口泰国木薯。2005年之后，泰国超过印度尼西亚成为第一大木薯进口来源国。2020年，中国从泰国进口木薯266.33万t，占木薯进口总量79.38%。第二，泰国、印度尼西亚和马来西亚是中国天然橡胶主要进口来源国，虽然每年所占份额略有不同，但大体保持稳定。2020年，中国分别从这3个国家进口天然橡胶95.06万t、31.42万t和28.27万t，分别占天然橡胶进口总量的41.36%、13.67%、12.30%。第三，中国从越南、印度尼西亚、马来西亚等东盟国家的进口量迅速增加，2020年，这3个国家的咖啡进口份额占到50%以上。以巴西、哥伦比亚为代表的美洲国家在贸易份额上尚未撼动东盟国家的绝对主导地位,但其贸易量呈持续增长势头,在中国咖啡贸易中发挥的作用越发明显。第四,胡椒进口2019年才开始形成规模,印度、印度尼西亚和越南是中国胡椒主要进口来源国。2020年,中国从印度进口胡椒15.34万t,占中国胡椒进口总量的80.63%。详见表2-1。

表2-1 中国热带农作物进口来源国及进口量、进口份额变化

品类	年份	指标	进口来源国1	进口来源国2	进口来源国3	进口来源国4	合计
木薯	1995	来源国	印度尼西亚	泰国	越南	菲律宾	
		进口量(万t)	20.46	17.19	7.30	0.77	45.73
		份额(%)	44.74	37.58	15.97	1.69	
	2005	来源国	泰国	越南	印度尼西亚	—	
		进口量(万t)	269.56	41.16	22.83	—	333.54
		份额(%)	80.82	12.34	6.84	—	
	2015	来源国	泰国	越南	柬埔寨	印度尼西亚	
		进口量(万t)	742.06	183.27	9.41	2.46	937.64
		份额(%)	79.14	19.55	1.00	0.26	
	2020	来源国	泰国	越南	柬埔寨	老挝	
		进口量(万t)	266.33	45.77	12.53	10.21	335.49
		份额(%)	79.38	13.64	3.74	3.04	
天然橡胶	1995	来源国	泰国	马来西亚	印度尼西亚	新加坡	
		进口量(万t)	15.59	7.19	4.17	1.51	32.06
		份额(%)	48.64	22.42	12.99	4.71	
	2005	来源国	泰国	马来西亚	印度尼西亚	越南	
		进口量(万t)	61.16	40.89	27.14	5.51	140.68
		份额(%)	43.47	29.06	19.29	3.92	
	2015	来源国	泰国	马来西亚	印度尼西亚	越南	
		进口量(万t)	180.63	34.47	27.96	17.82	273.52
		份额(%)	66.04	12.60	10.22	6.51	
	2020	来源国	泰国	印度尼西亚	马来西亚	越南	
		进口量(万t)	95.06	31.42	28.27	21.33	229.85
		份额(%)	41.36	13.67	12.30	9.28	

(续表)

品类	年份	指标	进口来源国1	进口来源国2	进口来源国3	进口来源国4	合计
咖啡	1995	来源国	哥伦比亚	老挝	美国	越南	
		进口量（万t）	0.07	0.04	0.03	0.02	0.19
		份额（%）	37.73	19.81	17.18	8.79	
	2005	来源国	越南	印度尼西亚	巴西	美国	
		进口量（万t）	0.99	0.36	0.10	0.05	1.63
		份额（%）	60.90	22.23	5.91	3.26	
	2015	来源国	越南	印度尼西亚	巴西	马来西亚	
		进口量（万t）	2.73	1.26	0.41	0.31	5.84
		份额（%）	46.68	21.64	7.02	5.31	
	2020	来源国	越南	巴西	马来西亚	哥伦比亚	
		进口量（万t）	2.29	0.91	0.62	0.60	7.06
		份额（%）	32.47	12.92	8.75	8.47	
胡椒	1995	来源国	缅甸	印度尼西亚	越南	朝鲜	
		进口量（万t）	0.15	0.03	0.03	0.01	0.23
		份额（%）	64.12	12.45	12.30	2.27	
	2005	来源国	马来西亚	印度	日本	新加坡	
		进口量（万t）	0.11	0.06	0.02	0.02	0.26
		份额（%）	41.14	22.78	8.75	6.55	
	2015	来源国	印度	印度尼西亚	马来西亚	越南	
		进口量（万t）	0.27	0.21	0.15	0.04	0.75
		份额（%）	36.79	28.29	19.64	5.38	
	2020	来源国	印度	越南	印度尼西亚	巴西	
		进口量（万t）	15.34	2.14	1.12	0.16	19.03
		份额（%）	80.63	11.26	5.91	0.84	

从热带农产品进口额比重可以看出，泰国木薯、泰国天然橡胶、越南咖啡、世界其他国家胡椒进口额比重均值相对较大，分别为 0.661、0.571、0.389、0.618，表明这些国家在中国热带农产品进口市场上占据主导地位。具体来看，天然橡胶各进口来源国进口额比重的标准差均相对较小，表明 29 年来这些国家在中国天然橡胶进口市场上的支出比重较为

稳定。从进口价格来看，世界其他国家咖啡、印度尼西亚胡椒、印度尼西亚天然橡胶、其他国家木薯的单位价值相对较高，分别为 6.543 美元/kg、3.982 美元/kg、1.723 美元/kg、0.842 美元/kg。见表 2-2。

表 2-2　1992—2020 年中国热带农产品进口额比重和进口价格

产品	指标	国家	数值	产品	指标	国家	数值
木薯	支出比重	泰国	0.661	咖啡	支出比重	越南	0.389
		越南	0.159			拉美	0.206
		印度尼西亚	0.195			东盟其他	0.153
		世界其他	0.008			世界其他	0.281
	价格（美元/kg）	泰国	0.245		价格（美元/kg）	越南	1.724
		越南	0.233			拉美	3.211
		印度尼西亚	0.244			东盟其他	2.433
		世界其他	0.842			世界其他	6.543
天然橡胶	支出比重	泰国	0.571	胡椒	支出比重	越南	0.097
		印度尼西亚	0.144			印度尼西亚	0.119
		马来西亚	0.184			印度	0.181
		世界其他	0.129			世界其他	0.618
	价格（美元/kg）	泰国	1.628		价格（美元/kg）	越南	2.554
		印度尼西亚	1.723			印度尼西亚	3.982
		马来西亚	1.719			印度	2.064
		世界其他	1.607			世界其他	3.932

资料来源：中国海关总署进出口贸易数据库和联合国商品贸易数据库。

2.3.3　不同热带农产品的进口支出弹性和进口价格弹性

（一）模型设定

通过 Rotterdam 模型测算不同来源地热带农产品的进口支出弹性和价格弹性，对中国热带农产品进口需求状况和进口市场格局进行实证分析。

Rotterdam 模型来源于经典的双对数需求模型：

$$ln\, q_i = \alpha_i + e_i ln\, y + \sum_k e_{ik} ln\, p_k \qquad 式（2-1）$$

式（2-1）中，q_i 为商品 i 的进口量；y 为总支出（收入）；p_k 为第 k 种商品的价格；e_i 为消费者的支出（收入）弹性；e_{ik} 为商品 i 关于商品 k 的马歇尔（Marshallian）交叉价格弹性。对该函数式进行全微分运算，并结合 Slutsky 方程 $\theta_k = e_{ik} + e_i w_k$ 可得：

$$dln\, q_i = e_i dlnQ + \sum_k \theta_{ik} dln\, p_k \qquad 式（2-2）$$

式（2-2）中，$dlnQ = \sum_k w_k dln\, p_k$，两边乘以商品支出权重，整理可得 Rotterdam 模型：

$$w_i dln\, q_i = b_i dlnQ + \sum_k c_{ik} dln\, p_k \qquad 式（2-3）$$

式（2-3）中，w_i 表示从第 i 个来源国进口热带农产品的金额占进口食物总额的比重，q_i 表示第 i 个来源国热带农产品的进口量，p_k 表示第 k 个来源国热带农产品的进口价格。$dlnq_i$ 表示进口量的增比，$dlnp_k$ 表示进口价格的增比，b_i 为热带农产品进口的边际支出份额，c_{ik} 为进口价格的净效应。同时，模型需要满足一些需求函数的性质，包括加总性：$\sum_i b_i = 1$，$\sum_i c_{ik} = 0$；齐次性：$\sum_k c_{ik} = 0$；对称性：$c_{ik} = c_{ki}(i \neq k)$。另外，还可以得到 Rotterdam 模型的支出弹性 $e_i = b_i/w_i$、希克斯价格弹性 $\theta_{ik} = c_{ik}/w_i$ 和马歇尔价格弹性 $e_{ik} = \theta_{ik} - e_i w_k$。其中，当 $i = k$ 时为商品的自价格弹性，$i \neq k$ 时为商品的交叉价格弹性。该文运用似不相关回归法对模型进行估计。

（二）数据说明

选择进口木薯、天然橡胶、咖啡和胡椒 4 种主要热带农产品进行研究，采用年度数据，数据区间为 1992—2020 年。在进口来源方面，对样本期内具有持续贸易流量的主要来源国进行重点考察，同时将其他进口来源国合并为一个市场。根据中国主要热带农产品进口市场格局的分析结果，木薯的进口来源划分为泰国、越南、印度尼西亚和世界其他国家；天然橡胶的进口来源包括泰国、印度尼西亚、马来西亚和世界其他国家；咖啡的进口来源划分为越南、拉丁美洲国家、东盟其他国家和世界其他国家；胡椒的进口来源划分为越南、印度尼西亚、印度和世界其他国家。热带农产品年度进口额和进口量数据来源于中国海关总署进出口贸易数据库和联合国商品贸易数据库，进口量的单位为 kg，进口额单位为美元，进口价格则由进口额除以进口量得到的单位值代替，且以 2010 年为基期的美国消费者价格指数进行平减。

表 2-3 为中国四种主要热带农产品从不同国家或地区进口额比重和进口价格的统计描述。从热带农产品进口额比重可以看出，泰国木薯、泰

国天然橡胶、越南咖啡、世界其他国家胡椒进口额比重均值相对较大，分别为 0.661、0.571、0.389、0.618，表明这些国家在中国热带农产品进口市场上占据主导地位。具体来看，天然橡胶各进口来源国进口额比重的标准差均相对较小，表明 29 年来这些国家在中国天然橡胶进口市场上的支出比重较为稳定。从进口价格来看，世界其他国家咖啡、印度尼西亚胡椒、印度尼西亚天然橡胶、其他国家木薯的单位价值相对较高，分别为 6.543 美元/kg、3.982 美元/kg、1.723 美元/kg、0.842 美元/kg。

表 2-3　1992—2020 年中国热带农产品进口额比重和进口价格的统计描述

产品	指标	国家	均值	标准差	最小值	最大值
木薯	支出比重	泰国	0.661	0.234	0.000	0.862
		越南	0.159	0.085	0.000	0.318
		印度尼西亚	0.195	0.288	0.000	0.993
		世界其他	0.008	0.016	0.000	0.076
	价格（美元/kg）	泰国	0.245	0.283	0.094	1.471
		越南	0.233	0.294	0.083	1.554
		印度尼西亚	0.244	0.227	0.108	0.926
		世界其他	0.842	1.271	0.064	4.323
天然橡胶	支出比重	泰国	0.571	0.100	0.370	0.737
		印度尼西亚	0.144	0.057	0.041	0.234
		马来西亚	0.184	0.058	0.110	0.303
		世界其他	0.129	0.057	0.066	0.328
	价格（美元/kg）	泰国	1.628	0.759	0.741	4.172
		印度尼西亚	1.723	0.850	0.698	4.563
		马来西亚	1.719	0.835	0.784	4.546
		世界其他	1.607	0.758	0.754	4.262
咖啡	支出比重	越南	0.389	0.229	0.005	0.787
		拉美	0.206	0.192	0.047	0.784
		东盟其他	0.153	0.109	0.034	0.426
		世界其他	0.281	0.104	0.039	0.479
	价格（美元/kg）	越南	1.724	0.979	0.562	5.797
		拉美	3.211	0.829	1.655	5.399
		东盟其他	2.433	1.279	1.135	5.662
		世界其他	6.543	1.375	3.472	8.468

（续表）

产品	指标	国家	均值	标准差	最小值	最大值
胡椒	支出比重	越南	0.097	0.108	0.000	0.506
		印度尼西亚	0.119	0.102	0.000	0.413
		印度	0.181	0.226	0.000	0.827
		世界其他	0.618	0.263	0.033	0.995
	价格（美元/kg）	越南	2.554	2.305	0.442	9.085
		印度尼西亚	3.982	2.643	0.526	9.813
		印度	2.064	0.922	1.204	4.307
		世界其他	3.932	2.302	1.011	8.615

资料来源：中国海关总署进出口贸易数据库和联合国商品贸易数据库。

（三）支出弹性、马歇尔价格弹性与希克斯价格弹性结果

进口支出弹性反映某一产品消费需求的变动对进口总额变动反应的敏感程度，弹性值通常为正数。弹性值大于1或小于1分别表示进口产品富有弹性或缺乏弹性，即表明该产品在进口市场上所占的市场份额由于进口市场的不断扩大而逐渐增加或减少。进口的自价格弹性反映产品进口量由于其进口价格变动所引起的变动幅度，若弹性绝对值大于1表明富有弹性，即该产品的进口规模易受自身价格变化的影响；若绝对值小于1则表明缺乏弹性，意味着对该进口来源地具有一定的市场依赖性。

表2-4是中国热带农产品进口需求的支出弹性和马歇尔价格弹性。首先，从支出弹性来看，除了其他国家天然橡胶和世界其他国家咖啡，这4种热带农产品的支出弹性均为正值，其中印度胡椒的支出弹性最大，为2.402；其次是越南咖啡、越南胡椒、泰国木薯、泰国天然橡胶、印度尼西亚天然橡胶、东盟其他国家咖啡，支出弹性分别为1.783、1.467、1.321、1.241、1.037、1.033，表明富有弹性。上述结果表明，当中国热带农产品进口市场进一步扩大时，中国进口印度胡椒的数量会相对最大，市场份额的变化最为明显；越南和泰国将成为中国热带农产品市场扩大开放进程中的最大受益者，咖啡、胡椒等多种产品将从越南大量进口，木薯和天然橡胶将从泰国大量进口。

其次，从马歇尔价格弹性来看，越南胡椒的自价格弹性显著为负，绝对值最大，为-7.552；马来西亚橡胶、世界其他国家天然橡胶、印度胡

椒、泰国天然橡胶的自价格弹性亦显著为负，绝对值均大于1，表明富有弹性；进口泰国木薯、世界其他国家胡椒的自价格弹性绝对值小于1，表明缺乏弹性，其中世界其他国家胡椒的进口自价格弹性绝对值最小，为0.940。上述结果表明，中国进口越南胡椒以及马来西亚橡胶、世界其他国家天然橡胶、印度胡椒、泰国天然橡胶的规模易受到自身价格变化的冲击，进口量不稳定。另外，在中国天然橡胶进口市场上，除印度尼西亚自价格弹性不显著外，其他3个国家的自价格弹性均显著为负，且绝对值均大于1，进一步表明中国天然橡胶进口市场规模极易受来源国进口价格的影响；而来源于是世界其他国家的胡椒进口量受价格变化的影响相对最小，其次是泰国木薯，说明中国对世界其他国家胡椒和泰国木薯具有稳定的进口需求。

表2-4 中国热带农产品进口需求的支出弹性和马歇尔价格弹性

产品	进口来源国	马歇尔价格弹性				支出弹性
木薯		泰国	越南	印度尼西亚	世界其他	
	泰国	-0.970***	-0.151**	-0.222**	-0.008	1.321***
		(0.109)	(0.062)	(0.095)	(0.008)	(0.039)
	越南	-0.107	-0.117	-0.334*	0.013	0.533***
		(0.214)	(0.215)	(0.200)	(0.036)	(0.078)
	印度尼西亚	-0.008	-0.220	0.049	-0.021	0.195*
		(0.270)	(0.164)	(0.288)	(0.028)	(0.100)
	世界其他	-0.133	0.282	-0.595	-0.043	0.478**
		(0.594)	(0.619)	(0.739)	(0.368)	(0.221)
天然橡胶		泰国	印度尼西亚	马来西亚	世界其他	
	泰国	-1.071*	-0.359	-0.100	0.253	1.241***
		(0.604)	(0.354)	(0.284)	(0.204)	(0.113)
	印度尼西亚	-1.308	-1.088	2.177***	-0.847	1.037***
		(1.408)	(1.118)	(0.726)	(0.534)	(0.357)
	马来西亚	0.085	1.771***	-3.210***	0.788**	0.550***
		(0.895)	(0.570)	(0.801)	(0.342)	(0.166)
	世界其他	1.649*	-0.839	1.167**	-2.296***	0.311
		(0.929)	(0.603)	(0.491)	(0.510)	(0.238)

（续表）

产品	进口来源国	马歇尔价格弹性				支出弹性
咖啡		越南	拉美	东盟其他	世界其他	
	越南	-0.167 (0.342)	-0.888*** (0.221)	-0.515*** (0.169)	-0.265 (0.189)	1.783*** (0.161)
	拉美	-1.252*** (0.447)	0.204 (0.483)	0.741** (0.311)	-0.413 (0.399)	0.700*** (0.229)
	东盟其他	-1.015** (0.435)	0.928** (0.400)	-0.795 (0.493)	-0.182 (0.402)	1.033*** (0.206)
	世界其他	0.321 (0.255)	-0.162 (0.266)	0.057 (0.210)	-0.231 (0.332)	0.015 (0.127)
胡椒		越南	印度尼西亚	印度	世界其他	
	越南	-7.552*** (1.754)	1.683** (0.763)	0.825 (1.238)	3.555*** (1.294)	1.467* (0.765)
	印度尼西亚	1.465** (0.632)	-0.399 (0.478)	0.411 (0.531)	-1.920*** (0.605)	0.435* (0.364)
	印度	0.352 (0.644)	0.037 (0.336)	-1.984** (0.859)	-0.843 (0.689)	2.402*** (0.517)
	世界其他	0.642*** (0.198)	-0.391*** (0.110)	0.079 (0.203)	-0.940*** (0.261)	0.602*** (0.142)

注：括号内为标准误；***、**、*分别表示显著性水平为1%、5%、10%。

表2-5为中国热带农产品进口需求的希克斯价格弹性。与马歇尔价格弹性相比，希克斯价格弹性剔除收入效应的影响后，更能准确反映不同来源国产品之间的市场竞争关系，交叉价格弹性值大于0或小于0分别表示该产品的进口来源国之间存在替代关系（竞争关系）或互补关系。热带农产品进口的希克斯价格弹性表明中国热带农产品进口市场格局具有以下特点。

第一，木薯进口各来源国之间不存在显著的替代或互补关系，交叉价格弹性均不显著。这意味着中国进口木薯对各来源市场均具有一定的依赖性，一旦双方出现贸易摩擦，木薯进口需求缺口短期内无法从其他市场进行弥补。

第二，天然橡胶的进口市场格局方面，泰国和其他国家之间、印度尼西亚和马来西亚之间以及马来西亚和其他国家之间存在不同程度的竞争关系，其中马来西亚和印度尼西亚之间的竞争关系作用更强。从弹性结果来看，来源于印度尼西亚和其他国家天然橡胶进口量对进口马来西亚的天然橡胶价格的希克斯交叉价格弹性分别为2.368和1.224，且显著性水平都在1%，表明当受到马来西亚天然橡胶价格冲击时，来源于印度尼西亚的橡胶进口量反应相对比较强烈，而来源于其他国家的天然橡胶进口量受影响相对较小。

第三，进口越南咖啡与进口拉丁美洲国家咖啡之间存在互补关系。从弹性结果来看，进口拉丁美洲国家咖啡的价格与来源于越南的咖啡进口量的交叉价格弹性为-0.521，显著性水平为5%，表明拉丁美洲国家咖啡价格上升1%时，中国进口越南咖啡的数量将减少0.521%；而当越南咖啡价格上升1%时，来源于拉丁美洲国家咖啡的进口量将下降0.980%。另外，拉丁美洲国家和东盟其他国家之间存在竞争关系。从弹性结果来看，进口东盟其他国家咖啡的价格与来源于拉丁美洲国家咖啡的进口量交叉价格弹性为0.848，且显著性水平为1%，而进口拉丁美洲国家咖啡的价格与来源于东盟其他国家咖啡的进口量交叉价格弹性为1.142，且在1%的水平下显著。

第四，越南胡椒和印度尼西亚胡椒以及其他国家胡椒之间均呈现较强的市场竞争关系，其中越南胡椒对其他国家胡椒的替代性更强。从弹性结果来看，越南胡椒与印度尼西亚胡椒之间以及越南胡椒和其他国家胡椒之间的希克斯交叉价格弹性均为正值，且显著性水平均在5%以下，表现为竞争关系；来源于越南的胡椒进口量对进口其他国家胡椒价格的希克斯交叉价格弹性为4.462，且在1%的水平上显著。而印度尼西亚胡椒和其他国家胡椒之间呈现较强的互补关系，其中来源于印度尼西亚的胡椒进口量对进口其他国家胡椒价格的希克斯交叉价格弹性为-1.651，且在1%的水平上显著，表明当进口其他国家胡椒的价格上升1%时，来源于印度尼西亚的胡椒进口量将减少1.651%。

表2-5 中国热带农产品进口需求的希克斯价格弹性

产品	进口来源国	希克斯价格弹性			
木薯		泰国	越南	印度尼西亚	世界其他
	泰国	-0.097	0.059	0.036	0.002
		(0.123)	(0.059)	(0.090)	(0.008)
	越南	0.245	-0.032	-0.230	0.017
		(0.243)	(0.209)	(0.194)	(0.029)
	印度尼西亚	0.121	-0.188	0.087	-0.020
		(0.306)	(0.159)	(0.278)	(0.028)
	世界其他	0.183	0.359	-0.502	-0.039
		(0.670)	(0.607)	(0.720)	(0.368)

(续表)

产品	进口来源国	希克斯价格弹性			
天然橡胶		泰国	印度尼西亚	马来西亚	世界其他
	泰国	-0.361	-0.180	0.129	0.413**
		(0.598)	(0.353)	(0.284)	(0.206)
	印度尼西亚	-0.716	-0.938	2.368***	-0.713
		(1.401)	(1.111)	(0.691)	(0.538)
	马来西亚	0.399	1.850***	-3.109***	0.859**
		(0.882)	(0.566)	(0.804)	(0.344)
	世界其他	1.826**	-0.794	1.224**	-2.256***
		(0.911)	(0.599)	(0.490)	(0.514)
咖啡		越南	拉美	东盟其他	世界其他
	越南	0.526	-0.521**	-0.242	0.236
		(0.330)	(0.226)	(0.168)	(0.179)
	拉美	-0.980**	0.349	0.848***	-0.217
		(0.425)	(0.499)	(0.307)	(0.375)
	东盟其他	-0.613	1.142***	-0.637	0.108
		(0.425)	(0.414)	(0.489)	(0.385)
	世界其他	0.327	-0.159	0.059	-0.226
		(0.247)	(0.275)	(0.210)	(0.318)
胡椒		越南	印度尼西亚	印度	世界其他
	越南	-7.410***	1.858**	1.090	4.462***
		(1.751)	(0.774)	(1.204)	(1.256)
	印度尼西亚	1.508**	-0.347	0.490	-1.651***
		(0.629)	(0.487)	(0.514)	(0.573)
	印度	0.585	0.324	-1.550*	0.641
		(0.646)	(0.340)	(0.829)	(0.670)
	世界其他	0.700***	-0.319***	0.187	-0.568**
		(0.197)	(0.111)	(0.196)	(0.260)

注：括号内为标准误；***、**、*分别表示显著性水平为1%、5%、10%。

2.4 特色热带作物产业技术现状

2.4.1 热带作物优良种苗繁育技术研发

我国种质资源保护利用体系不断健全。近年来，我国建成热带作物种质资源圃（库）34个，创新基地20个，资源圃面积2 230亩，中期保存库面积3 800平方米，收集和保存的热作种质资源3.6万份，入圃（库）保存、编目入册资源2.1万份，热作资源保存数量位居世界前列，制定190个种质资源描述规范、数据规范和质量控制规范，初步建立了表型与基因型相结合的鉴定评价技术体系，在全球率先开展了热作全基因组测序研究。"十三五"期间选育出20余个国家审定和登记品种，植物新品种权申请量和授权量大幅增加，20个热带作物的属或种列入保护名录。

育种创新能力不断增强。在国家品种登记、审定等制度的激励下，热作种质挖掘和创新提升、速度加快。近年来，一批热作新品种如同雨后春笋涌现出来。组织了香蕉、荔枝等特色作物良种重大科研攻关，通过实生选育、人工杂交等手段，繁育推广了'观音绿'荔枝、'冬宝9号'龙眼、'三月白'枇杷、'凯特'杧果、'桂热'系列杧果、'华南'系列木薯、'文椰'系列椰子等一批热作优良新品种，40多个品种通过国家热作品种审定，制定了17个作物的34个品种审定规范及试验技术规程。在现代种业提升工程的支持下，依托科研单位等建立了天然橡胶、热带果树等一批热作品种改良中心。中国种业大数据平台数据显示，农业农村部累计登记橡胶树、香蕉品种36个，20多个热带作物纳入植物新品种保护名录，累计发布荔枝、杧果、菠萝等热作植物新品种权160多个。

良种生产供应能力不断提升。我国热作种业生产供应经营主体不断增长，中国种业大数据平台数据显示，热区省（区）建有国家种子生产经营许可企业300个以上，其中育繁推一体化种业企业11个，育繁推一体化水平不断增强。近年来，通过中央财政良种补贴政策，先后支持建设了国家天然橡胶良种苗木补贴基地40个以上，种苗繁育基地面积超4 000亩，年供苗约1 000万株，补贴地区良种覆盖率100%，橡胶树组培苗繁育生产技术获得重大突破。认定建设了3批、21个南亚热带作物良种苗木繁育基地。热作品种结构不断优化，天然橡胶、香蕉等主要热作良种覆盖率超 90%，主要热作商品种苗供应率超 80%，有效保障了热作生产需求。

目前，我国胡椒、咖啡、橡胶树、木薯种苗已掌握了扦插繁殖、籽苗芽接等传统优良种苗繁育技术，并纳入全国农产品质量安全标准体系，制订行业标准 5 项。中国热带农业科学院相关研究单位研发了咖啡抗土壤连作障碍种间嫁接育苗、橡胶树籽苗芽接和小筒苗育苗、木薯扦插繁育等技术。近年来，香料饮料研究所评价筛选出高抗胡椒瘟病的中国特有资源黄花胡椒（Piper flaviflorum），研发形成抗瘟病嫁接苗繁育技术，已初步也初步掌握了咖啡、胡椒等作物组培快繁技术和抗逆种苗生产技术，并联合马来西亚胡椒局突破胡椒体胚发生组培快繁技术。

2.4.2 热带作物优质高效生产技术研发

印度香料研究所、国际植物营养研究所等多集中养分需求规律、营养诊断和施肥技术研究，初步形成了胡椒、橡胶树等水肥一体化、新型土壤调理剂等技术。同时，针对胡椒瘟病、咖啡锈病、黑果病等问题，越南西部高原农林科学研究所、葡萄牙咖啡锈病研究中心等开展了病原菌分离鉴定及生物防治技术研究，但对快速检测及集物理、生物、新型农药于一体的绿色防治技术大面积应用较少。

在前期营养诊断、高效施肥和土壤养护等研究基础上，中国热带农业科学院等单位根据作物形态空间生态位互补原理，研发了经济林下种植胡椒、木薯等高效栽培及机械化施肥、土壤酸化修复、机械化割胶等技术，林下土地资源利用提高 1.5 倍以上，并配套研发病虫害综合防控技术，构建了"育繁推"一体化体系，实现了规模化推广应用。近年来，我国也开展开展橡胶树、咖啡等植保飞防技术研发。

2.4.3 热带作物加工技术研究与产品开发

农产品加工是特色热带作物产业链增值的突破口。国际上，马来西亚橡胶研究所等在烟片胶加工、木薯副产物综合利用及胡椒、咖啡脱皮、干燥等研究取得进展，配套研发脱粒机、脱皮机和热泵干燥机等设备，实现了产业化应用，但仍存在机械化程度低、产品质量不稳定等问题；在浓缩天然胶乳加工方面国外普遍沿用传统高氨离心浓缩工艺；在木薯加工方面，国际热带农业研究中心等正在研发专用型木薯淀粉、变性淀粉加工技术。

热带作物加工方面，我国已研发出胡椒鲜果全果直用、木薯淀粉"高粉、高提、多储"加工等关键技术。同时，创建了"科学研究、产品开发、科普示范"三位一体发展模式和示范点，实现热带作物"一产、二产和三产"及"科技创新"深度融合。近年来，通过审定品种6个、植物新品种权7个，获授权发明专利82件，实用新型专利41件，开发高值化科技产品65个，建立国家和省部级标准化示范园65个，被农业农村部列入"十三五"期间热带南亚热带作物主导品种和主推技术14个。同时，我国已研发出胡椒机械脱皮、鲜果直用及活性成分稳态化等加工技术，研制出脱粒机等设备；研发咖啡初加工品质提升和质量控制技术，正在开展微水脱皮脱胶、复合热风干燥技术研究；在橡胶加工方面，中国热带农业科学院橡胶研究所研发天然胶乳低氨及无氨保存技术，实现了生产及在部分乳胶制品中的应用；中国热带农业科学院、广西农垦明阳生化集团有限公司等开展木薯加工研究与应用，其中副产物利用在广西主产区初步实现了产业化，目前正在研发复合变性专用型淀粉加工技术。

2.5 我国特色热带作物产业存在问题

2.5.1 我国热带作物产品结构仍需优化，产业链延伸不足

当前我国热带作物优良品种和适宜深加工的品种不够丰富，部分热带水果熟期过于集中，现有产品结构尚不能适应消费市场的快速变化和多样化需求。生产经营方式不适应激烈的市场竞争。我国热带作物生产仍以分散的农户为主，经营规模偏小，标准化生产水平不高。新型经营主体发育总体滞后，农业龙头企业和农民专业合作组织等力量相对薄弱，在很大程度上限制了热带特色高效农业的进一步发展，多数农业企业经营规模小，经济实力还较弱，辐射面狭窄，市场占有率低。"互联网+""农超对接"等新型营销模式推广不足，难以适应日益激烈的国内外市场竞争。三产融合深度不够，精深加工、仓储、物流、贸易等发展相对滞后，缺乏有竞争力和影响力的产品品牌和企业品牌。当前我国热作产业龙头企业培育不足。经过多年努力，目前我国已经形成一批热带作物经营龙头企业。但当前国内已有大型热作企业集团的种业科研投入占比低，缺乏长远规划和战

略布局，自主知识产权成果不多，导致热作科技优势难以转化为产业优势。现有种植基地仍存在多而散的现象，难以全面保证种植质量和一致性，影响了热作产业的健康持续发展。

2.5.2 热带作物科技发展基础薄弱，缺乏产业竞争力

科技是热带特色高效农业发展的基础和支撑。种业作为热作产业的基础和关键环节，直接影响热作产业竞争力提升。保障国家战略资源安全和建设现代热作产业，对我国热作种业发展提出了更高要求。

我国热带作物种业研究起步较晚，发展基础相对薄弱。热作种质资源收集保存、鉴定评价等基础性、公益性工作缺乏长期稳定的经费支持，支持政策不完善，以种质资源圃为核心，种质库、复份圃、创新基地相配套的热作种质资源保护利用基础设施体系尚不健全，且主要分布在海南、广东等省份，尚未覆盖全国热区，不能满足热作种质资源收集、保存和创制需要。世界热作遗传资源极其丰富，我国目前在国外起源的种质资源引进利用上还有很大空间。热作种质资源保护人才队伍培养不足，技术体系尚不健全，缺乏精准鉴定基地和规模化基因挖掘平台，前沿性技术研究薄弱，对现有圃存资源的深度挖掘利用不够。

我国热带作物研究中原始创新能力不足。我国在热带北缘发展热作产业，先天自然资源条件不占优势，随着我国热作产业进入从数量规模到质量效益的转型升级阶段，对种业和科技的依赖程度日益加深。目前，我国热作研究原始创新能力不足，科技创新与应用水平难以支撑产业发展。当前我国热带作物科技在重要领域自主创新能力不强，基因编辑技术等核心技术与国际领先水平尚存在差距，跟踪性成果多，缺乏热作育种顶尖人才和突破性成果。部分热作品种选育尚依靠引进国外品种和亲本，缺乏具有自主知识产权的突破性优良品种，如高抗病虫害、抗旱抗寒、绿色高产、适宜机械化等热作品种不足，制约了热作产业高质量发展。

我国热带作物发展过程中品种保护难度大。我国天然橡胶、油棕、荔枝、龙眼、杧果等热作为多年生作物，育种周期长、投入大，原始品种育种人用十几年或一生的心血，甚至通过几代人的努力才能培育出1个突破性的新品种。但热带作物育种多以无性繁殖为主，新品种扩繁以枝芽、组织的嫁接、扦插、培养等方式为主成本不高，加之当前我国热作生产经营仍以小农户为主，知识产权保护意识不足，育种者的维权成本高，新品种

知识产权保护难度大。此外，还存在部分育种单位只重视品种审定，忽略品种权的申请和保护等情况。客观上制约和影响了热作新品种的创制、推广和应用。

我国热带作物科技研究成果转化效率不高。许多最新的成果并没有得到充分的转化，一些好的成果普及面不广，老百姓收益程度不高。同时，由于宣传度不够，导致百姓接受度低。这些年来，虽然不少的成果得到了成功的转化和运用，在特色产业发展过程中发挥了重要作用，提高了一部分种植者的效率。但在总体上来说成功转化应用于产业发展中的成果还是偏少，利用效率较低。接下来，应针对产业中突出的问题，以需求为向导，研发更多百姓急需的"突破卡脖子"的技术。

2.5.3　我国热带作物发展高素质人才不足，产业发展体制机制不健全

我国热带作物人才总量严重不足、结构极不合理、复合型人才奇缺。已然成为困扰我国热带作物产业发展的重大瓶颈。一是当前我国热带农产品农业经营者文化素质普遍偏低，种植经营者偏向于老龄化，专业技术性人才不足，生产经营缺乏种植带头人。二是热带作物产业经营管理类人才短缺。中小型农业企业缺少优秀的产业经营管理人才，热带作物进入国内外市场需要迅速捕捉市场信息、敏锐把握行业形势、精心策划市场战略，这要求优秀的经营管理人才以全球战略眼光，充分利用国内外两个市场两种资源，有效配置企业自身资源，重组发挥自身优势，提升自身核心竞争力。三是热带农业复合型人才稀缺。热带农业想要"走出去"顺利推进，根本无法绕开所涉地区在地域历史、民族宗教等方面存在的差异问题。目前，既具有全球化视野和意识，通晓当地语言文化，又精通热带农业相关知识，了解国际惯例与规则，熟悉投资国的法律法规、政治信仰、风土人情等的复合型人才十分稀缺。四是热带农业外事类人才匮缺。热带农业要想成功"走出去"，必须拥有一支能够切实担负起维护我国国际利益的高层次农业外事人才队伍，力争为我国热带农业"走出去"提供强大的精神动力和智力支撑。但当前，我国热带农业外事人才极度匮乏，已经严重制约热带农业"走出去"的整体发展。

当前我国热作产业发展体制机制不健全。一是交流共享机制不完善。热作资源交流多通过科普、展示、数据资源共享等方式开展，目前来看，

市场化有偿利用机制尚未建立，国际交流合作受限，共享利用水平有待进一步提高。二是以市场为导向的热作商业化育种机制尚未建立。我国热带作物种植研发仍以科研单位主导的公益性研究为主，热带作物生产企业投入种植科研的积极性不高，就育种而言，目前科研育种单位与种子种苗企业的高效合作机制尚未建立，种业的市场化程度低，种业研发人才创新活力没有得到有效激发。

参考文献

陈林涛，牟向伟，薛俊祥，等，2022. 国内外木薯机械化种收装备研究现状与展望［J］. 农业工程，12（2）：10-16.

仇键，杨文凤，魏芳，等，2021. 国内天然橡胶采收生产形势分析与建议［J］. 中国热带农业（5）：7-12.

高云，2021. 国内外天然橡胶期现货价格波动关系研究［J］. 广东农业科学，48（7）：161-168.

何云，濮文辉，洪青梅，等，2022. 中国热带作物种质资源发展的重要进展和趋势［J］. 中国热带农业（4）：64-70.

刘东，刘锐金，2022. 我国热带作物新品种权保护现状及建议［J］. 热带作物学报，43（7）：1382-1392.

刘东，王凯丽，黄艳，2021. 世界主要热带作物产业发展现状与趋势［J］. 热带农业科学，41（9）：111-116.

刘锐金，黄华孙，2021. "十四五"时期推动天然橡胶产业健康发展的思考［J］. 中国热带农业（4）：5-12.

吕荣华，谢春斌，陈雷，等，2021. 越南木薯生产概况［J］. 湖南生态科学学报，8（3）：61-68.

莫业勇，2021. 2020年国内外天然橡胶产业形势和2021年展望［J］. 中国热带农业（2）：19-23.

任志新，廖望科，高瑞，2022. 乡村振兴背景下云南省咖啡产业发展研究［J］. 全国流通经济（21）：127-130.

唐杰，李明娟，张雅媛，等，食用木薯的加工现状及发展前景［J］. 食品工业科技：1-10.

吴大波，2021. 海南天然橡胶产业发展瓶颈及对策［J］. 特种经济动植物，24（4）：67-68.

于飞，2022-09-15.既要确保"质"更要放大"量"推动普洱茶和普洱咖啡产业高质量发展［N］.普洱日报（1）.

张贺，倪志兴，2022.我国天然橡胶产业发展面临的困局及对策［J］.乡村科技，13（4）：32-34.

赵祎萌，2022.中国咖啡贸易国际竞争力影响因素分析［J］.北方经贸（6）：40-42.

邹望展，贺明杰，刘盼盼，2022.云南省与国际咖啡产业发展的比较研究［J］.产业创新研究（13）：87-89.

第3章 特色热带作物产业链一体化发展模式

  当前，我国胡椒产业发展存在生产成本高效益低、装备集约化程度低、技术集成性差等突出问题，严重制约产业高质量发展，为此，研究探索形成了胡椒关键技术集成驱动发展模式，在示范区通过产前抗逆种苗高效繁育技术优化创新、产中高效生产技术驱动、产后优质加工工艺与技术集成驱动，有效提高了示范区农户的胡椒生产技术水平和收入水平，推动了示范区胡椒产业的发展。针对我国橡胶产业存在的产加销脱节、技术集成性差、产量低、产值低、效益低、对外依存度高等问题，项目组探索形成了橡胶核心技术贯通产加销产业链发展模式，通过生产环节技术优化与支撑、加工环节核心技术支撑、面向销售环节研发新产品，打通示范区橡胶生产、加工和销售环节，提高了示范区橡胶产值和效益，取得了较好的社会经济效益。针对我国木薯产业在生产、加工、销售等过程中存在的农民种植积极性低、种植面积逐年减少、本地化原材料供应不足、环评措施严重导致生产加工企业经营困难等问题，项目组探索实现了以种茎育苗与加工、副产物综合应用技术集成创新应用的一体化核心技术，打通示范区在木薯种植、生产、加工等环节，提高了套种栽培技术、深加工技术集成应用效益，促进了木薯增产和农民增收。针对咖啡产业种植面积比较收益减少、加工工厂排污不达标、原材料深加工不足、品牌化战略应用较差等的现在及发展中的问题，项目中探索了从种植、初加工、深加工、销售等生产环节的融合发展模式，不仅提高了咖啡生豆精品率，而且拓展了咖啡产业形态，推动了多产业的融合高质量发展，逐渐形成了小粒咖啡的品牌知名度及影响力，促进了产量与效益的双丰收，推动了以一二三产业融合发展模式为支撑的我国咖啡产业高质量的转型发展。

第3章 特色热带作物产业链一体化发展模式

3.1 胡椒关键技术集成驱动发展模式

3.1.1 胡椒产业发展存在的突出问题

我国胡椒种植面积37万多亩,年总产量4万多t,居世界第5位,年产值30多亿元,100多万农民种植,在脱贫攻坚和乡村振兴中发挥了重要作用。近年来,国际市场供需关系变化导致价格处于低谷,我国胡椒产业面临生产成本不断上涨、效益下降,胡椒全产业链装备集约化程度低、技术集成性差等问题,迫切需要创新胡椒全产业链一体化发展模式,推动胡椒产业提质增效。

(1) 生产成本高

目前我国胡椒种植、管理和采摘等环节都需要投入大量人工和农资,随着劳动力、化肥、农药价格上涨,导致胡椒生产成本高企。现有胡椒价格下,椒农扣除采摘成本及肥料、农药投入后,基本已无利润。据海南省椒农反映,一亩胡椒133株,每一株都需要人工挖穴施肥,一个肥穴人工费最少10元,一亩施肥人工费最少便要1 300多元。胡椒采收期间,一天人工费用至少160元,一人采摘50斤*鲜果,折合10斤白胡椒,按照目前20元一斤价格及时能卖200元,种植户基本没有利润。由于生产成本高、种植效益低,海南部分胡椒产区甚至出现了弃管和抛荒现象。

(2) 装备集约化程度低

近年来,我国虽然研发出胡椒机械脱皮、鲜果直用及活性成分稳态化等加工技术,研制出脱粒机等设备,但是目前我国胡椒以单作种植模式为主,生产分散,劳动力密集,种植、加工等环节农户技术装备采用成本高,导致技术装备使用率低,装备集约化程度低。调研中发现,胡椒环保脱皮技术工艺解决了长期以来椒农利用河沟、死水浸泡的传统工艺导致环境污染及胡椒碱、挥发油流失、有异味等问题,但新工艺装备成本偏高,没有价格优势,缺乏产品竞争力,在推广中椒农不愿意采用,还是采用传统工艺。

---

* 1斤=0.5kg,全书同。

（3）技术集成性差

我国胡椒良种繁育技术整体水平落后，高效栽培模式技术滞后且应用程度低，胡椒加工工艺和技术不够成熟。我国胡椒繁育技术水平相对落后，品种单一，品种更新慢，良种化程度低。半个世纪以来，我国生产上主要栽培品种还是印度尼西亚大叶种，该品种在海南、云南和广东等地广泛种植，种植面积覆盖率达98%以上。据中国热带农业科学院香料饮料研究所的长期追踪调查，海南省90%的胡椒品种为印度尼西亚大叶种。海南胡椒种苗繁育长期以无性插条繁殖为主，部分椒园已出现退化、老化、品种衰退现象，感病率上升，胡椒种植管理成本增加，亩产降低，制约了产业的发展。总体而言，相较印度、越南等其他主产国，我国胡椒种质相对较少，良种繁育技术整体水平落后。高效栽培模式技术滞后且应用程度低、管理粗放、椒园老化且出现连作障碍，导致产量降低。我国海南省胡椒亩产量为120kg，不及越南160kg的亩产，远低于巴西200kg的亩产。我国胡椒加工仍旧以初级加工为主，产品主要是白胡椒，产品品种单一。加工白胡椒依然采用传统湿法加工，即将胡椒鲜果装袋后放入水池中"静水"或"活水"浸泡到果皮充分腐烂后，捞出去皮晒干而成，此法存在加工周期长、占地面积大、耗水量大、劳动强度大、易产生泅臭味、色黑等缺陷，已不能满足胡椒加工规模化、产业化的发展要求。其他胡椒鲜果脱皮方法和技术还不成熟，难以产业化应用。此外，我国在胡椒精深加工技术和高附加值产品生产上与国外差距也较大。

3.1.2 胡椒关键技术集成驱动产业链一体化发展

（1）产前抗逆种苗高效繁育技术优化创新

在云南保山潞江坝建立10亩胡椒良种基地1个；建成1亩胡椒种苗繁育圃1个；在黄花胡椒、全心胡椒与热引1号胡椒中开展不同嫁接季节（春季、秋季）、不同嫁接高度（20cm、30cm）、不同嫁接方法（切接、劈接、舌接）及不同木质化程度（嫩枝、半木质化、木质化）的胡椒嫁接试验，探究分析砧木木质化状态、嫁接季节、苗期管理等关键因素对嫁接苗成活率及长势的影响。

（2）产中高效生产技术驱动

胡椒小型机械化开沟施肥技术研发与集成。在不降低单位面积株数情况下，根据农机规格将原来的等行距种植调整为宽窄行，宽行中每垄种植两行胡椒；将胡椒头沿垄走向种植调整为宽行中两行胡椒头相对种植；将原来不同树龄挖沟挖穴施肥统一调整为开沟施肥。机械处理每小时挖穴数量是人工的 5.5 倍，比人工处理效率可提高 4.5 倍，效率远高于人工处理；而挖掘成本却远低于人工处理，比人工处理成本可降低 36%，机械松土施肥显著降低了劳动力成本。

胡椒瘟病菌零设备快速分子检测技术。发现 $Ypt1$ 基因序列的特异性较好适合开发检测技术，设计并合成下列分子检测引物及探针。通过对胡椒瘟病、炭疽病、枯萎病、细菌性叶斑病、真菌叶斑病、藻斑病、病毒花叶病、枯叶、健康叶片样本检测发现，胡椒瘟病快速分子检测技术的准确率为 100%，而且检测全程无须任何专用设备、耗时仅为 30min 左右。

（3）产后优质加工工艺与技术集成驱动

胡椒鲜果保鲜工艺优化与评价。常温（30℃）贮藏 10d，表明果皮已全部褐变，变黑。4℃贮藏 10d 后，果皮颜色明显发黑，4℃和 0℃贮藏 30d，果皮已全部褐变；–5℃贮藏时 60d 果皮已褐变，–10℃贮藏 90d，果皮变黑，随着贮藏温度降低，胡椒果皮保持绿色的时间延长，在 –20℃贮藏时间 365d，果皮仍保持暗绿色。进一步降低贮存温度到 –30℃时，尽管果皮仍然保持暗绿色，由于耗能加大，加大胡椒初加工成本，因而选取 –20℃为胡椒冷冻贮藏的适宜温度。

胡椒干燥参数优化。在分析影响青胡椒品质因素的基础上，开展了中试工艺优化研究，试验研究结果表明，鲜果成熟度、灭酶温度、灭酶时间与干燥温度对青胡椒的色泽及胡椒精油含量和胡椒碱含量均有不同程度的影响。经总结分析，以发育饱满、果皮仍为青绿色（开花后 8 个月左右）的胡椒鲜果为原料，在灭酶温度 100℃、灭酶时间 10~12min、干燥温度 70℃的条件下，进行中试示范生产。

胡椒机械化加工产品品质分析与工艺确定。比较了胡椒机械化加工与传统浸泡脱皮产品的品质差异，明确了机械加工产品优势，优化机械加工工艺参数。机械化脱皮胡椒碱含量无差异，而机械脱皮胡椒的胡椒精油含量显著高于传统浸泡脱皮胡椒产品，实验证明了机械化脱皮的优势。最终确定胡椒机械化脱皮的生产工艺参数为熟化频率为 20Hz，脱皮频率为 35Hz，通过规模化生产也验证了实验结果，现已规模化应用到示范区的生产中。

胡椒鲜果精油提取与特征分析。以胡椒鲜果为原料，响应面试验优化胡椒鲜果提取精油工艺。结果表明最佳工艺为料液比 1∶6.22g/mL，蒸馏时间5.41h，研磨次数13.20次，胡椒鲜果精油得率为3.341mL/100g。鉴于工艺的便利性，适当修改为料液比 1∶6g/mL，蒸馏时间5h，研磨次数13次，胡椒鲜果精油实际得率为3.343mL/100g。

3.1.3 胡椒全产业链一体化发展模式成效

（1）胡椒高效生产技术集成与示范成效

在海南省海口市琼山区大坡镇东昌农场有限公司开展胡椒高效生产技术的集成应用与示范。主要采用了"胡椒肥料减施增效技术""胡椒瘟病绿色防控技术""胡椒新品种种植示范技术"，共应用示范胡椒面积300亩，通过培训辐射带动本地农户380户，面积2 000亩，采用新技术使每户增收0.28万元，每亩增收532元，带动本地农民增收106.4万元，有效促进了胡椒产业的发展，取得了较好的社会经济效益。

集成种苗繁育技术并进行示范。生产上胡椒种苗繁育5节插条育苗，为胡椒育苗节约了材料；为了生产上省工和便捷，2∶1的砂质土壤和椰糠作为基质比较适宜。100mg/L 的 NAA+生根粉，插条苗处理时间为5min，对繁育优质高成活率的种苗效果显著。在前期试验的基础上，示范了推广繁育6 000株胡椒种苗，并在东昌胡椒标准化种植示范基地示范种植。

（2）胡椒机械化加工技术集成与产品示范成效

集成胡椒热处理、脱粒、梗粒分离、皮籽分离等新设备，并集成干燥、混合、粉碎、混合、研磨、杀菌和包装配套设备，建设了胡椒调味品中试生产线。在中试生产的基础上，优化工艺，确定了工艺技术参数，在海南农垦投资控股集团下属企业规模化生产脱皮胡椒、胡椒碎、海盐胡椒和黑胡椒等产品，在中国热带农业科学院香料饮料研究所下属海南兴科热带作物工程技术有限公司规模化生产青胡椒、白胡椒、黑胡椒、胡椒香水等产品。通过网络直播、胡椒文化节和微信等活动进行产品和胡椒知识的示范推广，取得了较好的经济和社会效益。

（3）技术培训成效

在云南、海南胡椒主产区开展技术培训6次，培训总数650人次，培训了胡椒高效生产技术、病虫害防控技术等，受训人员提升了对于胡椒产业链技术的理解，对下一步胡椒产业发展提供了保障。

3.2 橡胶核心技术贯通产加销产业链发展模式

3.2.1 橡胶产业发展存在的突出问题

（1）产加销脱节

天然橡胶种植与天然橡胶初加工脱节，原料收购市场无序竞争，天然橡胶原料质量大幅下降。天然橡胶初加工厂产能过剩，缺乏统筹规划，初加工重复投资建设严重，污染源点多面广，环保治理压力加大。产品结构性矛盾突出，以生产低附加值的传统老产品为主，研发能力不足，新产品开发缓慢，产品附加值低。

（2）技术集成性差

橡胶树生长周期长，栽植6~8年才能割胶，经济寿命长，一般长达30~40年。调研表明，目前我国天然橡胶产业在种植环节还存在胶农对技术认知程度低、技术推广力度弱、技术应用水平差等问题，特别是民营胶园管理比较粗放，生产技术比较落后且随意性大，割胶技术水平低，伤树严重，减短橡胶树的经济寿命，其经济效益也就相对降低。在加工环节，初加工生产工艺低下，标准胶、全乳胶及烟片胶生产在内的天然橡胶加工生产技术仍然停留在20世纪60—70年代水平，环境污染严重。橡胶深加工发展缓慢，高端优质橡胶产品少。

（3）"三低一高"问题突出

我国天然橡胶产业"三低一高"即产量低、产值低、效益低，对外依存度高危及产业持续发展。2020年我国天然橡胶平均单产约为69.2 kg/亩，同比下降2 kg/亩。低于泰国（101.47 kg/亩）、越南（113 kg/亩）、印度（98 kg/亩）和马来西亚（94 kg/亩）等国家。近年来，受天然橡胶价格持续走低的影响，我国胶农收入减少，弃割、弃管、砍树现象增多，橡胶产量下滑。2021年，全球天然橡胶产量1 341万t，我国天然橡胶产量仅为85.1万t，仅占全球的6.3%。我国天然橡胶的分子量不高，加工工艺相对落后，产品普遍品质不佳，以低端初级产品为主，产值低，效益低。据统计，我国天然橡胶种植业的割胶劳动力投入占到其产品成本的70%，高于越南、泰国等其他主产胶国。

我国天然橡胶需求量大，但产量远低于消费量，主要依赖进口，对外依存度高。近年来天然橡胶进口依存度一直在 70% 以上。据统计，2021 年我国进口天然橡胶 238.51 万 t，出口 2.7 万 t，表观需求量 320.91 万 t，进口依存度达 74.32%。根据中国石油和化学工业联合会统计数据，我国航空轮胎、坦克负重轮、船用浮阀等国防军工高端橡胶制品所用高性能天然橡胶 100% 依赖进口，每年进口规模高达 16 万 t。天然橡胶作为国家战略性物资，过度依赖进口将对产业发展乃至国家安全造成不利影响。

3.2.2　技术支撑贯通产业链

（1）生产环节技术优化与支撑

橡胶树小筒苗培育技术的优化。可降解育苗容器：2 个月后出现明显降解，7 个月后基本降解完成；降解后，土壤的养分结构无显著变化。同时，可降解育苗容器的运用可提高苗木种植速度，节省灌溉用水。建立橡胶树小筒苗核心示范基地 1 个，位于海南省儋州市新盈农场二队，面积 120 亩。在示范基地内集成运用了幼苗捣洞法定植、大型全苗补换植等关键技术。建立橡胶树种苗生产基地一个，位于中国热带农业科学院橡胶研究所良种苗木繁育基地，占地 280 亩。其中用于培育小筒苗约 50 亩，包括大棚区约 7 亩、荫棚区约 18 亩、砂床区约 3.5 亩、增殖圃约 10 亩、地播苗圃 11.5 亩等。

完善橡胶树主要病虫害监测防控体系。橡胶树炭疽病 QPCR 早期检测技术优化：基于橡胶树炭疽菌设计特异性引物，优化橡胶树炭疽病 QPCR 早期检测技术，可以快速、灵敏、特异地对症状不明显，甚至无症状的橡胶树进行炭疽菌的定量检测和生长动态监测。构建橡胶树炭疽病动态预测模型。

病虫害绿色防控技术田间示范。建立橡胶树绿色防控示范基地一个，位于儋州市中国热带农业科学院试验场三队，面积 50 亩，所用橡胶树品种为热研 73397，定植于 2002 年，割龄 11 年。示范内容为橡胶树白粉病和炭疽菌早期检测技术和预测预报，及橡胶树小蠹虫聚集素诱捕技术、捕食螨防治六点始叶螨技术、橡胶树死皮康复综合技术等。

成龄胶园土壤养护与机械施肥技术。酸性土壤调理剂配方优化和营养型酸性土壤调理剂配方形成。前期研究表明，中国热带农业科学院橡胶研究所研发的酸性土壤调理剂 5kg/株+化肥施用量 70% 能有效改善橡胶园 0~20cm 土壤理化性状，且天然橡胶产量变化不大。在此基础上，优化有机成分：无机成分：化肥比例为 76.24：18.89：4.87 的酸性土壤调理剂配方，并与化肥配方进行复合，形成营养型土壤调理剂配方。

营养型酸性土壤调理剂应用示范。在中国热带农业科学院试验场红城队和海南省儋州市西流农场红旗队分别建立了试验与示范基地一个。其中，对照为 100%化肥（CK），西流农场 1.88kg/株，试验场 1.95kg/株；其余处理 1-3 则分别为营养型改良剂 100%化肥配方、80%配方、70%配方处理，其施用营养型土壤调理剂 5kg/株。

成龄胶园机械施肥技术。橡胶林机械施肥技术优化于 2021 年 2 月在中国热带农业科学院试验场红城队进行（见图 1.3-9）。设置 3 个处理：J1，常规施肥（即人工施肥）；J2，即牵引式橡胶施肥机施肥；J3，悬挂式橡胶机施肥。从生产效率、施肥深度、宽度来看，牵引式施肥机优势明显。

（2）加工环节技术支撑

鲜胶乳高效高质预处理技术。鲜胶乳的机械稳定度主要受碱度的影响，单独添加表面活性剂并不能有效提升鲜胶乳的稳定性。碱用量在 0.2%以下时，补氨胶乳稳定性较高，而用量超过 0.3%时，补加 KOH 胶乳稳定性较高。

浓缩天然胶乳高质高效离心新工艺。围绕胶乳的稳定保存及非胶组分的控制来开展离心工艺的优化。

浓缩天然胶乳高质高效离心新工艺。HY 保存低氨浓缩胶乳保存效果良好可靠，胶乳稳定性高，各指标综合性能好，在产品试制中问题较少，成本较低，最有希望成为通用型低氨浓缩胶乳保存体系。

胶乳发泡制品试制。高品质浓缩天然胶乳在试制乳胶发泡制品方面具有优势，高氨浓缩胶乳制备发泡制品需要脱除大部分氨，不易控制；而采用此种低氨保存的浓缩胶乳可直接用于生产，原材料一致性好，工艺简单易控制；并且可根据工厂需要，调节氨含，具有广阔的市场前景和应用价值。但低氨胶乳稳定性不易调控，易升难降，在当前生产技术下，该胶乳并不适宜制备直接浸渍制品。

3.2.3 橡胶全产业链一体化发展模式成效

（1）橡胶树抗逆种苗高效繁育与绿色高效栽培技术集成创新成效

一是集成抗逆种苗高效繁育、绿色高效栽培、土壤养护与机械施肥、主要病虫害绿色防控等技术，形成技术规范。二是建立良种生产基地 1 个。三是发表论文 2 篇，申请专利 2 件。四是培训新型技术能手 746 人次，带动 600 户以上农民增收。

（2）高品质浓缩天然胶乳加工技术集成及新产品创制成效

一是集成天然橡胶鲜胶乳高效高质预处理、浓缩天然胶乳高质高效分离、高品质浓缩天然胶乳加工等关键技术和配套工艺，形成技术规范。二是优化完善高品质浓乳生产线 1 条，中试生产高品质浓乳。三是研发加工产品 1 个。

（3）橡胶树产业链一体化集成示范成效

一是建成产业链一体化示范区 1 个，面积 1 万亩以上，示范基地平均单产增加 10% 以上；二是编写培训手册 1 册；三是申请专利 1 项；四是培育品牌产品 1 个；五是在热科院试验场胶厂，通过优化集成鲜胶乳预处理、沉降及离心技术对胶厂现有设备与工艺进行改进，能明显减少鲜胶乳的非胶组分，提高胶乳稳定性，同时使得该厂离心机运行时长与原来相比几乎延长了 1 倍，不再需要中途停机拆洗即可完成工厂现有加工量，大大减轻了工人的劳务强度。

3.3 木薯：以种茎育苗与加工技术集成创新应用为驱动 打造产业发展新模式

3.3.1 木薯产业一体化发展的现状及问题

2022 年 4 月，中国农业科学院农业经济与发展研究所热带作物产业链一体化发展研究团队一行 4 人前往海南儋州木薯种植研究试验基地进行实地调研，在调研过程中据相关负责人反映，目前木薯的种植主要集中在广西地区，海南地区种植户因木薯的价格较低、产量不稳定等都放弃了木薯种植。同时，他们还反映木薯目前主要采用种茎培育技术来提高木薯种苗的出芽率和成活率，且大都采用了应用营养诊断和化肥平衡施用技术，提高了木薯种植地块的技术，加之木薯全过程管理集成创新技术的应用与推广，使得木薯的产量大幅提高，如果管理得到每亩的产量可以达到 6t，而之前因价格较低、肥料、人工等成本增加，农民疏于管理，导致产量不稳定，虽然木薯在淀粉、饲料等行业的应用广泛，但因其产量、种植区域局限于南方等原因，木薯产业规范化、标准化发展程度相对较差，这也就使得在新时期要通过全流程技术集成创新来提高我国木薯产业发展深度、延长产业链、加强深加工技术创新应用等，从而提高我国木薯产业在国民经济发展中的地位，成为农民增产增收的主要渠道，推动主产区的产业扶贫与乡村振兴工作。

在调研中还发现，目前我国木薯产业发展仍处培育期，技术创新应用相对缓慢，重初级加工、深加工技术对外依存度较高等问题，主要表现在以下几个方面。

（1）木薯种植面积近些年来因价格等因素逐年减少，农户积极性不高

在调研过程中，据海南儋州实验基地工作人员反映，海南已经很难发现大面积的木薯种植，因调研时间错过了收货时节，故未能通过调研收集关于海南木薯种植户数及面积，在后续研究中通过查阅广西农业农村局统计数据及曹升等（2021）相关研究成果，发现 2017—2019 年木薯种植面积逐年减少，2017 年广西木薯种植总面积达到了 20.11 万亩，但 2019 年下降到 17.84 万亩，减少 11.44%，产量也由 172.06 万 t 减少到 2019 年的 168.56 万 t。目前主要种植区域集中在南宁、梧州、钦州、玉林和贵港，主要原因在于木薯种植区土壤肥力下降、水土流失、育苗技术不规范、收购价格相对较低、疏于管理产量不稳定、副产品资源化利用率不足等，使得木薯产业一体化发展困境相对突出。

（2）本地化原料供应不足、环评措施要求严格导致加工企业经营困难

随着我国淀粉、酒精、饲料等行业的快速发展，对于木薯的需求量日趋增多，但目前我国木薯产量相对有限，且广西种植面积和产量占全国的70%，是我国木薯及木薯淀粉的主要生产基地，然而产量很难满足现有市场的总需求，年进口量在 700 万 t 左右，对外依存度较高，国内产量很难满足市场供应需求，这也折射出现阶段我国木薯产业种植、生产加工等的困境。

同时，木薯生产过程中会产生废水、废气及固体废物。废水主要包括木薯洗涤水和分离废水，废气主要为二氧化硫、烟尘及木薯渣、木薯皮和废水处理装置产生的恶臭气体，固体废物主要是木薯皮、木薯渣及废水处理产生的污泥。由于木薯原料短缺，很多中小企业每年开工生产周期只有

几十天，整体经济收益较低，没有更多的资金投入技术改造和污染治理，导致大部分中小企业因环境评估问题而被迫停产。木薯淀粉生产加工带来的环境污染问题，不仅影响附近的生态环境，还严重制约着我国木薯产业的可持续发展。此外，我国木薯淀粉加工仍处于初级产品阶段，产品附加值较低；企业在生产技术革新和副产品综合利用技术升级上存在资金压力，导致我国木薯淀粉产业链较短，循环生产综合利用水平偏低，严格的环评措施，增加了生产企业的成本，但大多中小企业无力承担高昂的废水废弃等处理系统，导致其运营困难，不得不停产或停业，使得木薯加工型企业发展困境突出。

3.3.2 木薯关键技术集成创新应用产业链一体化发展

（1）木薯关键技术集成创新应用模式

木薯产业作为淀粉工业的主力、新能源工业的潜在能源及动物饲料等，在食品与加工产业中发挥了极其重要的作用，通过海南、广西的调研发现，目前我国木薯种植区域主要集中在广西地区，据当地农民介绍，近些年来因产值和价格较低，海南木薯产业仅仅局限在儋州的示范基地，也主要以育苗研发实验为主，针对木薯种茎无性繁殖效率低、耗时长的问题，优化生根剂种类、处理浓度、处理时间等参数，形成木薯嫩茎枝替代成熟种茎种苗培育技术。目前木薯种植技术主要以种茎集成技术创新来提高木薯的发芽及成活率，通过比较分析种苗成活率、根数量、根长度等关键指标，优化简易可降解育苗袋培育和水肥一体化等种苗高效繁育技术，以解决木薯种植中的出芽率低、成活率低等的问题，为新时期木薯技术一体化集成创新技术的实践应用提供条件。

同时，我国木薯种植区域主要分布在广西的坡地区域，在栽培、种植等过程中出现了土地肥力下降、土壤酸化及水土流失严重等问题，使得木薯在生长管理阶段出现秸秆瘦弱、病虫害多发等现象。为此，基于木薯植株营养需求规律与土壤养分状况，应用营养诊断和化肥平衡施用技术，优化高效配方肥与酸性土壤调理剂复合配方及施用方法，集成土壤养护和高效栽培技术，从而提高了木薯种植地块的土壤肥力，保证了各个生长阶段木薯所需要的养分，提高了木薯的产量。在全流程管理过程中，木薯种植户和试验基地从业人员反映加强了机械化作业，改变了传统农户依靠人力投入来进行管理的弊端，不仅提高了管理效率，增强了农民的种植积极性，也减少人力成本的投入，进一步提升了木薯规模化种植的效率，促进了产量的提升。

目前，针对木薯变性淀粉加工技术不配套导致产品品质不高等问题，通过系统分析木薯淀粉化学组成、理化性质、淀粉结构等特性，根据峰值黏度、糊化温度、冻融稳定性等指标，优化木薯淀粉复合变性工艺，集成木薯淀粉提取和复合变性加工关键技术，完善中试生产工艺及技术参数。同时，针对木薯茎秆、木薯渣等副产物利用率不高、资源浪费的问题，基于木薯茎秆碳氮比差异和食用菌菌种特性，优化木薯茎基料配比和食用菌菌种，形成木薯茎秆基料化利用技术；基于木薯渣抗营养因子等品质特性，优化木薯渣发酵参数，形成木薯渣饲料化利用技术，提高木薯渣利用率和饲料适口性。

（2）集成土壤养护和高效栽培技术应用

利用集成后的土壤养护和高效栽培技术，增加改良剂、地膜等使用，减少了化肥、人工收获等支出，结余了成本15.97%，提高了产量12.0%（表3-1）。

表3-1 集成土壤养护和高效栽培技术示范前后的成本核算

项目	整地	肥料	改良剂	种植	施肥	除草	地膜	收获	机械收获	合计	节本	增产
单位	（元/亩）	（元/亩）	（元/亩）	（元/亩）	0.25天/亩.人	（元/亩）2次，每次0.5天	（元/亩）	（元/亩）1.5天/亩.人	元/亩	（元/亩）	%	kg/亩（增产12%）
集成前	35	225	0	60	25	100	0	150	0	595		268
集成后	35	40	260	60	25	0	30	0	50	500	15.97	300

（3）集成木薯变性淀粉加工技术应用

目前，国内外对于木薯复合变性淀粉的研究主要集中在其性质和应用方面，本部分主要侧重于对低取代度的木薯复合变性淀粉的工艺和功能特性。本章的复合变性淀粉在符合国家食品安全的前提下，相较于传统的变性淀粉，乙酰基含量和取代度可达2.04%和0.079%，沉降积为1.69（沉降积越小，取代程度越大），传统的复合变性淀粉的乙酰基和取代度为1.81%和0.69，沉降积为2.54。复合变性淀粉采用湿法一步法完成实验，相比于干法、湿法反应更加充分、全面。在酯化过程中严格控制酯化的

pH 值在一定范围内波动,波动范围不超过 0.5,交联过程相比于传统的变性淀粉,时间成本缩短了 1/4。相比于两步法实验方法,本研究的一步法实验方法更大程度上缩短了反应时间。本研究关于复合变性淀粉的功能特性研究主要集中在消化性方面,复合变性淀粉的抗性淀粉含量高达 42%,相较于传统的复合变性淀粉,提高了 20%。并进一步研究木薯变性淀粉的消化功能特性与其精细结构之间的相关性。

在企业建立木薯产业链一体化示范区,集成示范食用木薯变性淀粉复合变性加工关键技术,对加工生产工艺进行优化,在提高食用变性淀粉生产效率、产品质量、节能降耗等方面成效良好。课题实施完成后,食用变性淀粉日产量达 5 320 包以上,计 133 吨以上,较课题实施之前的日产量 4 240 包,计 106 吨,日产量增长 27 吨,增长 25%(表 3-2),原材料成本增长 12.5%,综合能耗降低 0.5%,人力成本增长 50%,总生产成本增长 12.5%(表 3-3)。由于课题实施期间,虽然原辅材料、水电煤大幅涨价,导致总生产成本增长(表 3-4),但产量增长,耗材数量降低,在一定程度上还是较大提高产业及企业生产效益(表 3-5 和表 3-6)。

表 3-2 食用变性淀粉日产能比对

课题实施前产能(吨)(2020 年 2 月)	课题实施后产能(吨)(2022 年 8 月)	日产能(吨)对比(降低"-"、增长"+")	日产能差异率(%,降低"-"、增长"+")
106	133	+27	+25

表 3-3 食用变性淀粉原材料耗用比对

原材料名称	课题实施前(2020 年 2 月)			课题实施后(2022 年 8 月)			原料耗量对比(降低"-"、增长"+")	原料成本对比(降低"-"、增长"+")	原料成本差异率(%,降低"-"、增长"+")
	数量	单价(元/吨;元/套)	金额(元)	数量	单价(元/吨;元/套)	金额(元)			
原料(吨)	1.03	3 127	3 220.81	1.01	3 610	3 646.1	-0.02	+425.29	+13
化工辅料(吨)			300			333		+33	+11
包装材料(套)	40	2	80	40	1.88	75.2	0	-4.8	-6
小计			3 600.81			4 054.3		+453.49	+12.5

第3章 特色热带作物产业链一体化发展模式

表3-4 食用变性淀粉能耗比对

能源名称	课题实施前（2020年2月）			课题实施后（2022年8月）			能耗量对比（降低"-"、增长"+"）	能耗成本对比（降低"-"、增长"+"）	能耗成本差异率（%，降低"-"、增长"+"）
	数量（方；度；吨；元）	单价（元/方；元/度；元/吨）	金额（元）	数量（方；度；吨；元）	单价（元/方；元/度；元/吨）	金额（元）			
水	10	0.5	5	6	0.6	3.6	-4	-1.4	-28
电	146	0.55	80.3	117	0.65	76.05	-29	-4.25	-5.2
燃煤	0.24	622	149.28	0.18	860	154.8	0.06	+5.52	+3.6
综合能耗			234.58			234.45		-0.13	-0.5

表3-5 食用变性淀粉人力成本比对

人力名称	课题实施前所需人力（2020年2月）	课题实施后所需人力（2022年8月）	人力成本对比金额（元，降低"-"、增长"+"）	人力成本差异率（%，降低"-"、增长"+"）
生产工资	70	105	+35	+50

表3-6 食用变性淀粉总生产成本比对表（表2至表4合并）

生产成本类别	课题实施前（2020年2月）	课题实施后（2022年8月）	生产成本对比金额（降低"-"、增长"+"）	生产成本差异率（%，降低"-"、增长"+"）
原材料耗用	3 600.81	4 054.3	+453.49	+12.5
能耗	234.58	234.45	-0.13	-0.5
生产工资	70	105	+35	+50
总生产成本（合计）	3 905.39	4 393.75	+488.36	+12.5

（4）集成木薯副产物综合利用技术应用

本利用木薯茎秆基质替代木屑，示范橡胶林下栽培黑木耳1.7万袋。投入情况分析。本技术采用袋料栽培，菌袋成本包括袋料、灭菌、接种、搬运等，1.2元/袋成本，4万袋约4.80万元；从栽培设施投入算，按7m×3m橡胶林规格，每亩橡胶林下至少可挂2 000袋，遮阴网、水管、喷带、自动控制器等设施投入约3 000元/亩，此设施至少可以重复使用3

年,每年至少可出菇 6 次,平均每次出菇的设施成本约 167.0 元。此外,每亩每次出菇水电费约 80.0 元(表 3-7)。

表 3-7 木薯茎秆栽培黑木耳每亩成本投入分析

项目	挂袋(袋/亩)	成本(元/袋)	合计(元/亩)	设施成本(元/亩)	出菇次数(次)	设施成本(元/亩/次)	水电费(元/亩)	合计(元/亩)
数量	2 000	1.2	2 400	3 000	18	166.67	80	2 646.67

产出分析。以黑木耳为例,每亩(2 000 袋)黑木耳产量约 750.0kg 新鲜黑木耳,以市场最低价,每公斤黑木耳 10.0 元计,每亩共收入 7 500.0 元。如果经烘干后可得 75kg 干木耳,每公斤至少可以卖 120 元(表 3-8)。

表 3-8 木薯茎秆栽培黑木耳每亩产出分析

项目	鲜木耳			干木耳		
	产量(公斤/亩)	单价(元/kg)	收入(元/亩)	产量(公斤/亩)	单价(元/kg)	收入(元/亩)
数量	750	10	7 500	75	120	9 000

收益分析。每亩橡胶林立体栽培黑木耳生批次可收益:7 500.0-2 400.0-167.0-80.0=4 853.0 元,每次出菇约 20d,每亩橡胶林只需 1 人看管,即每人可以在 20 天左右获得收益 4 853.0 元。如果折算成 30d,那每个月的经济收入是 7 279.5 元。项目组开展 1.7 万袋的立体栽培示范,需要示范基地约 8.5 亩,则预期每批次可获得收益 41 250.5 元,每年按 6 批次出菇,每年可获得 247 503 元的收益,经济效益十分显著。

效益分析。项目实现木薯茎秆全利用,木薯副产物利用率达到 85% 以上,可以培育一个产业链,即"副产物综合—黑木耳栽培—黑木耳利用"的产业链,技术操作简单,是乡村振兴的产业振兴良好抓手和切入点。

3.3.3 一体化模式应用的成效

通过木薯种苗高效繁育、土壤养护与高效栽培、木薯变性淀粉加工和副产物利用等关键技术优化集成,提高了木薯全流程管理的规划化与标准化，实现了木薯种植管理的机械化作业，减少了人力成本的投入，在一定程度上也提高了农民或相关企业的种植热情，在后期加工过程中则采用了变性淀粉加工技术创新，改变了木薯淀粉的生产工艺，缓解了之前产业发展中只注重初级加工深加工技术对外依存度较高等的问题，并对相关副产品的资源化利用问题进行了创新示范，目前研究成果已进入试点应用阶段，故拟在广西桂港建立木薯产业链一体化示范区。取得的成效主要包括如下。

（1）加强木薯基础性研究，扩大种茎培育技术推广

加强基础研究可提高木薯产业原始创新能力，带动产业突破性发展。糯质木薯是国际热带农业研究中心（CIAT）在自交分离群体中筛选获得，随后糯木薯资源由CIAT出让给泰国，近年来泰国将糯质木薯新品种选育和糯质木薯淀粉产业化开发作为木薯产业发展的战略方向并取得成功。中国热带农业科学院在木薯基因组测序和基因资源挖掘等方面取得了国际公认的进展；广西农业科学院在木薯多倍体育种、自交分离群体构建与基因挖掘及木薯诱导开花等方面开展了大量基础性研究工作，并取得长足进展。这些研究工作为我国木薯产业的可持续发展奠定了良好基础。

（2）加强间作套种栽培技术攻关与示范推广

间作套种是提高木薯种植经济效益的重要途径。间作套种栽培模式是将木薯与其他作物合理搭配种植，能有效提高土壤和空间等资源的利用率，显著增加单位面积的种植经济效益，提高土壤墒情，也有助于减少病虫害发生。尽管木薯间作套种西瓜、南瓜、红瓜子、花生或穿心莲等栽培技术已较成熟，但木薯间作套种幼龄果树及中药材等技术还有待进一步研究和推广应用，加快选育适宜幼龄果树间作套种的木薯品种，并探索中药材间作套种木薯的适宜行距等。

（3）加强木薯深加工技术集成与研发

借鉴泰国木薯加工企业以淀粉含量定价收购木薯的方法，在木薯原料进厂时抽取少量鲜薯样品进行淀粉含量速测，以淀粉含量决定收购价格，通过优质优价的收购方式提高木薯加工原料质量，从木薯加工产品的源头保证质量。同时，建立工艺控系统（PCS）和合理的控制程序（PLC），降低加工成本，提高加工产品质量，增加木薯加工企业的市场竞争力。此外，加强产学研结合，科研院所和企业合力研发并优化形式多样的食用木薯加工工艺，孵化出更多的食用木薯加工企业。

3.4 咖啡：以一二三产业深度融合发展模式为支撑推动产业高质量转型发展

咖啡是目前全球三大饮料经济作物之一。截至 2021 年已有 78 个国家和地区种植、生产咖啡，收获产量超过 1 000 万 t，综合产值则超过 4 000 亿美元，而与世界对比，我国全国咖啡产量 10.91 万 t，出口 3.53 万 t，但消费量超过 25.2 万 t，云南作为我国主要的咖啡生产基地，种植面积超过全国种植面积的 98%，中国已经成为世界重要的咖啡种植、生产、消费大国，不仅形成了"一县一业"的产业发展模式，而且保山积极探索全产业发展，建立了 2C、2B 等多类型产业发展模式，在不同海拔探索了不同的种植、加工、休闲旅游等全产业链发展业态，促进了当地产业结构的转型升级，形成了保山作为我国咖啡第一生产、加工、多业态融合发展等基地，以咖啡全产业链发展为支撑，拓宽了农民增收渠道，创造了诸多就地就业创业岗位，从而提高了咖啡从业者的收入。

3.4.1 咖啡全产业链高质量发展模式的问题

2022 年 7 月 26 日，中国农业科学院农业经济研究所研究团队深入保山市隆阳区潞江坝的多个种植园区、产业园区等对保山市咖啡全产业链发展模式、产业形态、产业效益及对脱贫攻坚工作的贡献作了实地调研，深入农村与种植户、园区工作人员、企业负责人等深入交谈，就保山市小粒咖啡全产业流程、全产业形态、产业效益及农民的增收情况等进行了系统性的研究。在调研与沟通的过程中发现咖啡全产业链高质量发展依然存在以下的现实性困境，主要包括如下内容。

（1）由于咖啡种植的比较收益减少导致农民的种植积极性不高

从咖啡全产业链发展的流程来看，咖啡的深加工及咖啡制品的产值要占咖啡总产值的 93%，种植的生豆产值仅占 6%。据云南热经所原所长黄家雄介绍，以星巴克咖啡为例，1kg 生豆在经过烘焙后可以冲泡 80 杯，按照拿铁大杯 33 元/杯计算，1kg 生豆深加工后到最终的咖啡制品的总产值为 2 640 元，而在调研中农民说按照 2021 年的收购价（外寨村，2022 年 7 月 27 日调研所得），真正到农民手中的价值仅为 20 元/kg，以农民所说的盛果 250kg/亩的产量，一亩地的产值也只有 5 000 左右，然而，同期同区域的杧果、火龙果等的产值要大于咖啡的收入，导致农民对咖啡的种植积极性较低，使得潞江镇整体的咖啡总种植面积有所萎缩。与2014年种植高峰相比，面积上减少了43万余亩，产量上也有了将大幅度的降低，从调研情况看主要原因就在于近三年的咖啡产量、咖啡生豆单价等与同区域的水果相比都处于劣势，且出现了咖啡树种重茬死亡和不结果的问题。

（2）初加工由于工厂排污不达标导致污染加大、生态环境问题突出

目前云南咖啡鲜果初加工的方法大都是传统湿法、机械湿法等，这两种初加工方法会产生大量的污水，且全省420多家企业中大都属于中小微型企业，无力承担高昂的污水处理系统的费用，导致其大都采用了原始的排污方法，导致其污染环境问题突出，这在国家强调的生态文明建设中被严加禁止。同时，目前很多小散农户大都采用小型脱皮机进行初级加工，导致了污染面增大、污水排放不规范、环境污染问题突出等发展困境，这一点在云南潞江镇调研时看到的诸多脱皮简易设施得到了印证，这也为下一步云南咖啡产业加强初级工政策扶持力度、强化农户及中小初级加工企业的环保意识等提供了方向上的指导。

（3）原料深加工不足，咖啡品牌化发展较差

从调研中发现，目前云南省的咖啡全产业链更加注重咖啡第一产业即种植业的发展，高端深加工、咖啡工艺研发及周边产品生产、销售及依咖啡为主题的休闲农业等发展业态相对薄弱，正处于高端产业培育及增长期，如新寨村建立了5个以咖啡为主题的休闲农庄及游乐园，并配套了相关的咖啡厅、游乐设施、餐饮娱乐、文化节等高端产业形态，正在筹划中的还有5个以咖啡为主题的休闲产业园区，从而依据不同的海拔高度及咖啡作物的不同产品、品种等形成一村一业的全产业链的园区型发展，带动当地休闲旅游、咖啡深加工、咖啡餐饮、民宿、休闲娱乐活动等为主的二三产业转型升级。同时，云南在全省形成了420多家咖啡企业，品牌相对众多，但销售模式仍然局限在以电商为主，缺少高端的贸易性平台，或未以咖啡为主题打造高端主题休息娱乐、周边纪念产品为主体的高端品牌，更多地以低端的初级豆的销售为主，咖啡品牌打造意识、经营模式等相对之后，使得云南以小粒咖啡为主的咖啡品牌缺乏影响力。

3.4.2 咖啡产业多业态融合发展模式

咖啡原产于非洲中北部，而云南保山的小粒咖啡原产于埃塞俄比亚，

是在 1952 年由云南省农科院热经济所从德宏州芒市遮放镇发现种质资源，之后引入保山市隆阳区潞江坝进行试种，经过几十年的发展，潞江坝镇截至 2021 年已经形成了咖啡种植、深加工、咖啡产业园、以咖啡及周边产品为核心的休闲农业等全产业链的发展模式，开拓了 2B、2C 等现代化的发展形式，潞江坝在新寨、外寨等形成村还形成了咖啡深加工、咖啡餐饮、咖啡为主题的休闲农庄等多样式的产业形态，带动了潞江坝的脱贫攻坚工作的顺利开展，当地农民也实现了不离村、不离镇、不离市等即可实现就地就业或创业，拓宽了当地农民的增收渠道。

2021 年云南全省咖啡产区已经分布于 9 个州市的 33 个县市区，20 多万农户以咖啡种植、加工等作为主业，带动了 100 多万人的就业，使以咖啡全产业链为支撑的产业形态成为云南边疆地区脱贫攻坚、实现乡村振兴的产业兴旺、农民增收的典范，其产业发展经验值得在全国乡村振兴战略工作中进行了推广。2021 年普洱、临沧及保山三市咖啡供给种植面积达 118.97 万亩，占全省咖啡种植面积的比重达到了 85.41%，形成了咖啡的规模化种植。同时，全省共有咖啡产业的企业 420 多家，初加工 290 余家、深加工 30 多家，而贸易型企业 90 多家，形成了以云咖、景兰、中咖等国内外知名的咖啡品牌。

然而，从目前咖啡全产业链创造的产值或营业收入来看，生咖啡豆依然是云南咖啡产业的注销产品，占据了出口总额的 64.65%，这也说明云南咖啡产业发展依然处于培育和增长期，咖啡相关制成品的出口额占比依然相对较低，这也使云南咖啡全产业链的转型升级、高质量发展、进一步探索咖啡周边产品及产业形态等成为"十四五"时期的重要任务，使其进一步发挥巩固云南边疆地区产业扶贫、拓宽农民增收渠道的作用。

3.4.3 一体化模式应用的成效

从目前我国热带咖啡产业发展的现状可以发现，重种植、轻二三高端产业形态发展、环保问题突出、品牌影响力等问题依然影响着以云南为主的咖啡全产业链的高质量发展，为了提升咖啡产业发展的核心竞争力，一体化模式应用的成效主要包括。

（1）推广引进咖啡优良品种，提高咖啡生豆精品率

针对目前重一产种植、农民种植积极性不高等问题，可以借鉴云南同区域水果的种植技术，加强优良品种的推广，在云南省依托省农科院的平

台，加大优良品种的改良及研发，并通过现场培训、云农课堂等形式对农民咖啡种植技术、品种的选取、种植过程中的管理等进行了系统性、常态化培训，从而提高咖啡鲜果的精品率，提高云南咖啡豆的品质。

（2）拓展咖啡产业形态，推动多产业融合高质量发展

在保山市调研过程中发现，各地基本上都实施了"一村一业"的发展模式，不仅带动了村内咖啡种植面积的增加，也带动了咖啡初加工、深加工、咖啡制成品研发和加工、以咖啡为主题的服务业等二三产业的培育和发展，不仅拓宽了咖啡产业链，而且也带动了农民的增产增收，丰富了农民的增收渠道，很好地贯彻了党中央提出的产业扶贫的战略。为此，在下一步的咖啡全产业链的发展中要着重注意咖啡新产业形态的培育，例如新寨村在村党委、王书记等的带领下发展了咖啡吧、咖啡主题庄园、咖啡餐饮、咖啡休闲娱乐活动等新的产业，同时要积极推动咖啡一二三产的深度融合发展，拓宽农民的增收渠道，带动当地农民实现共同富裕、贯彻落实乡村振兴战略。

（3）坚持走咖啡品牌化发展道路，提升小粒咖啡的影响力

云南小粒咖啡已经有几十年的发展之路，从无到有，从种植到全产业链融合发展，这就需要在新的发展时期，充分挖掘云南独特的咖啡文化，积极采用多样式的媒体形式，打造"互联网+咖啡"的发展模式，集中打造云南小粒咖啡的品牌化发展之路，树立以中咖、云咖、景兰等品牌为主体的精品品牌形象，大力融合区域文化民俗活动，支持企业及相关单位举办各类咖啡主题活动，大力宣传推介"云南小粒咖啡"品牌，并以昆明、普洱、临沧和保山等为重点，集中打造咖啡种植采摘体验、咖啡畅饮、产品展销、仓储和物流配送、线上线下融合影响等为一体的全产业链发展交易平台，提升云南咖啡整体的增值能力和市场占有率。

参考文献

操戈，邓卫哲，2022-06-09.海南胡椒："王牌产业"焕发新活力[N].农民日报（3）.DOI：10.28603/n.cnki.nnmrb.2022.002101.

曹升等，2021.广西木薯产业发展现状分析及其发展建议[J].南方农业学报，52（6）：1468-1476.

陈明文，2016.我国天然橡胶产业发展形势与因应策略[J].农业经

济问题, 37 (10): 91-94, 112. DOI: 10. 13246/j. cnki. iae. 2016. 10. 010.

钏相仙, 李金涛, 张孝云, 等, 2017. 供给侧结构性改革视角下 滇西南天然橡胶产业发展思考 [J]. 中国热带农业 (3): 7-11, 18.

符莉, 莫业勇, 2018. 我国天然橡胶产业发展面临的矛盾和对策建议 [J]. 中国农垦 (5): 38-40. DOI: 10. 16342/j. cnki. 11-1157/s. 2018. 05. 020.

黄家雄, 2022. 中国咖啡产业发展报告 [J]. 永昌文学 (5): 16-31.

金华斌, 田维敏, 史敏晶, 2017. 我国天然橡胶产业发展概况及现状分析 [J]. 热带农业科学, 37 (5): 98-104.

孔波, 戴琳, 2015. 我国天然橡胶产业的发展历程、存在问题及对策 [J]. 辽宁化工, 44 (12): 1451-1453. DOI: 10. 14029/j. cnki. issn1004-0935. 2015. 12. 011.

雷新平, 2022. 提升西双版纳天然橡胶产业竞争力的思考 [J]. 中国农垦 (7): 25-26. DOI: 10. 16342/j. cnki. 11-1157/s. 2022. 07. 031.

李达, 2020. 橡胶主产区农户种植意愿分析及产业决策研究 [D]. 北京林业大学, DOI: 10. 26949/d. cnki. gblyu. 2020. 001485.

李维锐, 赵国祥, 候丹, 2022. 云南天然橡胶产业高质量发展对策 [J]. 热带农业科技, 45 (3): 1-5+14. DOI: 10. 16005/j. cnki. tast. 2022. 03. 001.

刘国秀, 2017. 澜沧县天然橡胶产业发展现状及建议 [J]. 现代农村科技 (11): 6.

刘锐金, 莫业勇, 杨琳, 等, 2022. 我国天然橡胶产业战略地位的再认识与发展建议 [J]. 中国热带农业 (1): 13-18.

沈绍斌, 2020. 胡椒——云南省特色产业 [J]. 中国农村科技 (9): 74-75.

王海杰, 莫尚勇, 高安, 2021. 提升海南天然橡胶产业竞争力的对策分析 [J]. 中国农垦 (9): 45-48. DOI: 10. 16342/j. cnki. 11-1157/s. 2021. 09. 017.

王盛娜, 2020. 我国天然橡胶产业发展现状及对策 [J]. 乡村科技 (13): 43-44. DOI: 10. 19345/j. cnki. 1674-7909. 2020. 13. 026.

王雪娇，陈良正，李隆伟，等，2019. 促进云南省天然橡胶产业可持续发展的建议研究［J］. 江西农业学报，31（7）：144-150. DOI：10.19386/j.cnki.jxnyxb.2019.07.24.

韦周晓，2020. 我国天然橡胶产业发展的困境及其对策分析［J］. 南方农业，14（6）：105-106. DOI：10.19415/j.cnki.1673-890x.2020.06.052.

吴思敏，2021-11-19. 着力推动海垦70年天然橡胶产业焕发新活力［N］. 海南农垦报（2）. DOI：10.28355/n.cnki.nhlnk.2021.000742.

相明和，2020. 德宏天然橡胶产业发展现状、问题与对策［J］. 热带农业科技，43（2）：38-42. DOI：10.16005/j.cnki.tast.2020.02.008.

徐竹，2017. 当前我国天然橡胶产业发展面临的挑战及其对策［J］. 中国商论（18）：161-162. DOI：10.19699/j.cnki.issn2096-0298.2017.18.082.

鄢文光，毛昭庆，王雪娇，等，2020. 云南省天然橡胶产业转型发展路径研究［J］. 中国热带农业（6）：21-28.

张贺，倪志兴，2022. 我国天然橡胶产业发展面临的困局及对策［J］. 乡村科技，13（4）：32-34. DOI：10.19345/j.cnki.1674-7909.2022.04.025.

张军，2021. 海南农垦胡椒产业发展情况［J］. 中国热带农业（2）：24-27.

郑维全，杨建峰，鱼欢，等，2017. 我国胡椒产业现状与创新发展探析［J］. 热带农业科学，37（12）：102-108.

第4章 特色热带作物产业链一体化技术成效评价

农业技术示范与推广在确保农业技术从实验室到达田间地头的过程中起到关键作用，是实现科技进步和农业农村现代化的重要措施（孔祥智和楼栋，2012；孙生阳 等，2018）。《"十四五"推进农业农村现代化规划》明确提出加强农业科技示范推广工作《"十四五"全国农业农村科技发展规划》强调开展耕地保护、农作物高效种植、水肥精准管控等多项关键技术的集成示范推广。在农业领域的国家重点研发计划中，技术集成与示范类项目是重要组成部分，在突破产业发展面临技术瓶颈、实现"优质高产、提质增效"中起到重要作用（杨毅 等，2022）。但是与成熟技术的大规模应用效果评估相比（张复宏 等，2021；赵连阁和蔡书凯，2013），国家重点研发计划等科技计划的技术集成与示范规模普遍较小、范围相对集中、实施时间普遍较短，其效果评估存在一定难度。因此，本研究以国家重点研发计划"特色热带作物产业链一体化示范"为例，探究相关技术示范效果的评估，为技术集成与示范类国家重点研发计划等科技计划实施成果的科学评价提供思路，也为特色热带作物产业链一体化技术的实施效果评价提供参考。

4.1 评价方法

现有的科研项目评价研究主要从项目总体层面构建多维评价体系、开展绩效评价，已相对丰富。例如，王忠等以创新质量和贡献为重点，尝试重构科学规范的科研项目评价指标体系（王忠 等，2021）；王颖婕等构造国家自然基金项目 h 指数，对项目的学术价值进行评价（王颖婕 等，2020）；贾敬敦等从技术、效益和风险三个角度构建了应用开发类、软科学类与基础研究类三类农业科技成果的评价指标体系（贾敬敦 等，

2015)。针对科技计划或科研项目设计的"降本增效"等微观具体指标，基于实验室或试验田开展自然实验的研究可以实现在控制其他因素不变的条件下，通过统计分析或构建多元线性模型利用最小二乘法进行参数估计，并判断实验效果是否在统计上显著（王宁 等，2022；魏全全 等，2022）。但是对于技术示范推广类科技计划，项目实施效果表现为农户应用新技术后的成效，在脱离了实验室或试验田的条件下，理论上无法做到控制其他因素不变。因此，自然实验研究常用的评价方法无法照搬到农户层面的评价。

因此，本部分采用经济学和社会学领域的"反事实"（counterfactual）思想，构建类似自然实验的因果推断模型，评估农户参与特色热带作物产业链一体化项目的效果。常用的因果推断模型主要包括倾向得分匹配法（propensity score matching，PSM）（Dehejia 和 Wahba，2002；Heckman 等，1997）、断点回归（regression discontinuity designs，RDD）（Imbens 和 Lemieux，2008）、双重差分法（difference-in-difference，DID）（Card 和 Krueger，2000）等。其中，PSM 主要用于解决由于处理组和控制组并非随机选择而导致的选择偏差问题，RDD 主要用于政策或项目实施导致主要解释变量产生断点的情况，DID 可以克服干扰因果关系的其他因素或遗漏变量等问题的影响（Han 等，2021；钱雪松和方胜，2021）。由于木薯土壤养护与高效技术不会导致主要解释变量产生断点，本研究主要采用 PSM 和 DID 两种方法。此外，由于 PSM 无法避免遗漏变量等问题，DID 无法避免选择偏差问题（郝健 等，2021），本研究还采用基于倾向得分匹配的双重差分模型（PSM-DID），并对各种模型的估计结果进行对比分析。

4.1.1 普通 OLS 回归

以农户是否参与特色热带作物产业链一体化项目（program）为核心解释变量，构建式（4-1），其中，Y_{it} 表示第 t 年农户 i 的化肥投入成本，$program_{it}$ 表示第 t 年农户 i 是否参与项目，X_{it} 表示一系列控制变量，ε_{it} 为随机误差项。如图 4-1 所示，理论上参与项目与未参与项目之间的截距 b 表示在其他条件不变的情况下，参与项目为农户带来的净效益。但是，由于 X_{it} 中无法控制农户能力等不可观测的因素，式（1）存在内生性，导致系数 b 的估计结果是有偏、不一致的，无法真实反映农户参与项目的效果。

$$\ln Y_{it} = a + b \times program_{it} + c X_{it} + \varepsilon_{it} \qquad 式（4-1）$$

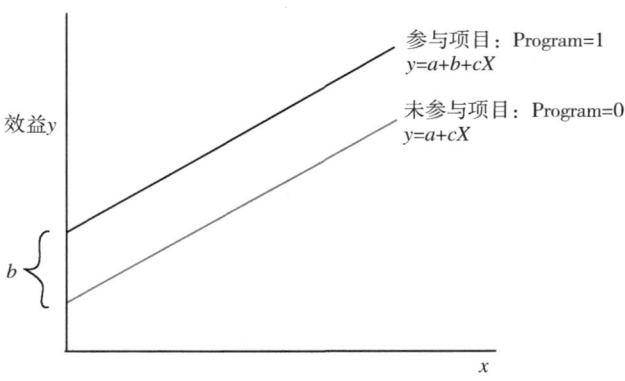

图 4-1　OLS 回归示意

4.1.2　双重差分法

双重差分法（DID）常用于政策效应评估，通过计算处理组与控制组在政策干预下的增量差距，进而识别政策效应（沈坤荣和金刚，2018）。将农户参与特色热带作物产业链一体化技术作为一项独立的"准自然实验"，参与项目的农户为处理组，未参与的农户为控制组。先计算处理组的增量变化为 $T = A_2 - A_1$，控制组的增量变化为 $C = B_2 - B_1$，再计算 $Diff = T - C$ 进而评估政策的净效应。双重差分法模型如式（4-2）所示，其中 α_2 为本研究所关注的重点，表示参与项目农户与未参与农户在热带作物投入要素成本或数量上的变化，在图 4-2 中表现为 $Diff = (A_2 - A_1) - (B_2 - B_1)$，也可以称为平均处理效应（average treatment on the treated，ATT）。D_i 和 T_t 是两组虚拟变量，其中，D_i 表示农户 i 是否参与项目（若农户 i 参与，则 $D_i = 1$，否则 $D_i = 0$），T_t 表示第 t 年是在项目实施前还是在项目实施后（第 t 年在项目实施后，则 $T_t = 1$，否则 $T_t = 0$），Y_{it} 表示第 t 年农户 i 的某一生产要素投入成本或生产要素投入量，X_{it} 表示一系列控制变量，ε_{it} 为随机误差项。但是，由于农户是否参与特色热带作物产业链一体化项目并非完全随机，式（4-2）存在选择偏差问题，导致的 α_2 估计结果也存在偏差。

$$\mathrm{Ln}\,Y_{it} = \alpha_1 + \alpha_2 did_{it} + \alpha_3 X_{it} + \mu_i D_i + \gamma_t T_t + \varepsilon_{it} \qquad 式（4-2）$$

第4章 特色热带作物产业链一体化技术成效评价

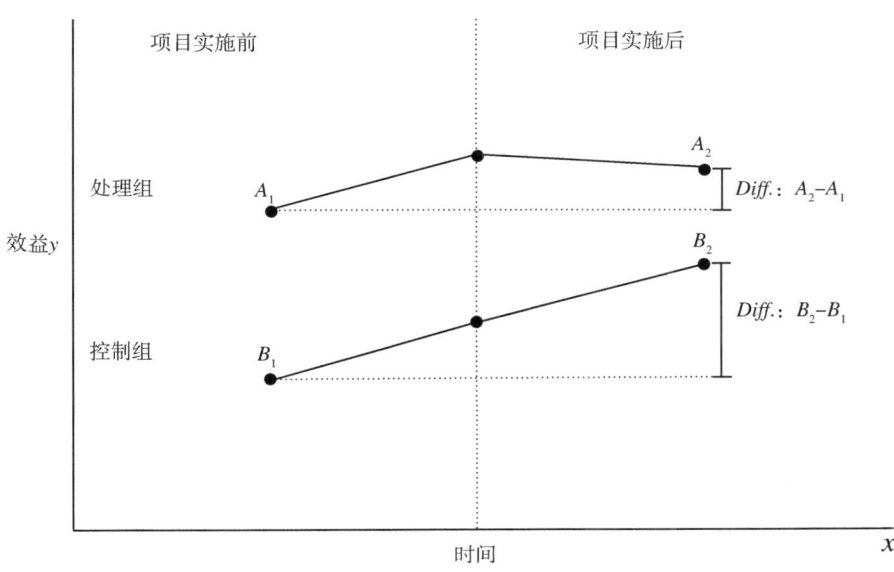

图4-2 DID回归示意

4.1.3 倾向得分匹配法

倾向得分匹配法（PSM）是利用离散概率选择模型对处理组和控制组的个体进行倾向得分（propensity score）估算，进而通过选择倾向得分相近的处理组和控制组的个体进行样本匹配得到平均处理效应（ATT）的无偏估计值（Han 等，2019）。第一，选定影响农户是否参与项目的变量，构建 Logit 模型或 Probit 模型，分析农户是否参与项目的影响因素并根据模型的估计结果预测农户参与项目的概率（即倾向得分）。第二，计算倾向得分。式（4-3）表示，在给定控制变量 X_i 的情况下，农户 i 参与项目的倾向得分。其中，控制变量 X_i 也表示参与匹配的变量，D_i 表示农户是否参与项目，b 为待估计参数。

$$P(X_i) = Prob(D_i = 1 \mid X_i) = e^{bX_i}/(1 + e^{bX_i}) \qquad 式（4-3）$$

随后，根据倾向得分选择匹配算法进行样本匹配，常见的匹配算法包括最近邻居法、核匹配法、半径匹配法等（Caliendo 和 Kopeinig，2008）。最后，根据匹配样本和式（4-4）计算 ATT。其中，Y_i^T 和 Y_i^C 分别代表处理组和控制组的某一生产要素投入成本或生产要素投入量。但是，与普通 OLS 回归的问题相同，在式（4-3）的匹配过程中，由于 X_i 中无法控制农户能力等不可观测的因素，式（4-3）也存在内生性，系数 b 的估计结果也是有偏、不一致的，导致式（4-4）计算的 ATT 也可能存在偏差。

$$ATT = E[\ln Y_i^T - \ln Y_i^C \mid D_i = 1, P(X_i)] = E[\ln Y_i^T \mid D_i = 1, P(X_i)] - E[\ln Y_i^C \mid D_i = 1, P(X_i)] \quad \text{式（4-4）}$$

4.1.4 双重差分倾向得分匹配法

双重差分倾向得分匹配法（PSM-DID）利用匹配后的样本构建双重差分模型评估政策效应，结合了双重差分法（DID）和倾向得分匹配法（PSM）的优点。因此，本研究依据该方法对热带作物产业链一体化的技术效果进行评价。本研究建立模型如式（4-5）所示。其中，Y_{it}^{psm} 表示匹配后第 t 年农户 i 的生产成本，β_1 为本研究重点关注的核心解释变量参数，表示匹配后处理组与控制组农户热带作物投入要素成本或数量的平均变化效应，D_i 表示农户 i 是否参与项目（若农户 i 参与，则 $D_i = 1$，否则 $D_i = 0$），T_t 表示第 t 年是在项目实施前还是在项目实施后（第 t 年在项目实施后，则 $T_t = 1$，否则 $T_t = 0$），Y_{it} 表示第 t 年农户 i 的某一生产要素投入成本或生产要素投入量，X_{it} 表示一系列控制变量，ε_{it} 为随机误差项。

$$\ln Y_{it}^{psm} = \beta_0 + \beta_1 did_{it} + \beta_2 X_{it} + \mu_i D_i + \gamma_t T_t + \varepsilon_{it} \quad \text{式（4-5）}$$

4.2 数据分析

4.2.1 数据说明

本研究所使用数据均为中国农业科学院农业经济与发展研究所创新团队实地走访调研所得，所得数据主要包括 2019—2021 年共三年农户基本信息、特色热带作物种植成本、要素投入、技术采用情况等基本种植信息。其中，木薯、橡胶、胡椒和咖啡的调研地分别为广西壮族自治区桂平市、海南省儋州市、海南省文昌市和广西壮族自治区保山市，为特色热带作物产业一体化技术评价提供数据支持。本章节研究所涉及变量如表 4-1 所示。

第 4 章 特色热带作物产业链一体化技术成效评价

表 4-1 变量说明

序号	变量名	含义
1	fcosts	每亩化肥成本（元）
2	fpvol	化肥购买量（公斤）
3	tfcost	年度化肥总成本（元）
4	tfpvol	年度化肥总量（公斤）
5	pcosts	每亩农药成本（元）
6	laborcosts	年度人工成本（元）
7	familyinput	年度自家劳动力投入（工日）
8	acre	播种面积（亩）
9	rlcacres	家庭承包土地（亩）
10	age	户主年龄（周岁）
11	edu	户主受教育年限（年）
12	hinc	家庭总收入（元）
13	minc	特色热带作物收入（元）
14	did	did = D×T
15	D	若农户 i 参与特色热带作物产业链一体化技术项目，则 $D_i=1$，否则 $D_i=0$
16	T	时间虚拟变量，$T_t=1$ 表示 2021 年，$T_t=0$ 表示 2019 年或者 2020 年

4.2.2 木薯

将农户"参与木薯产业链一体化项目"视作一项准自然实验，将参与项目农户设置为处理组，未参与农户则设置为对照组，表 4-2 为按照对照组与处理组分组所进行的描述性统计结果。表 4-2 显示，2019—2021 年有效观测值共 339 条，其中包括 198 条处理组观测值，141 条对照组观测值。

从要素投入看，处理组要素投入均值均低于对照组，其中，处理组化肥投入成本为每亩248.5元，而对照组为每亩265.6元；处理组农药投入成本均值为每亩37.89元，而对照组为每亩38.61元；处理组每亩人工成本达到784.8元，而对照组每亩人工成本达到937.2元，存在显著的人工成本投入差异；对照组自家劳动力每亩投入平均约8.875个工日，而对照组平均每亩自家劳动力投入为11.97个工日。上述数据表明，参与木薯热带作物产业链一体化技术可能使得农户化肥、农药投入成本下降，同时通过木薯生产、管理机械化减少农户人工投入进而压缩了人工成本。

从农户基本特征看，处理组农户播种面积和家庭承包土地面积均高于对照组农户，这一定程度表明经营规模越大的农户更倾向于参与木薯产业链一体化项目。而处理组与对照组农户户主年龄基本在54周岁左右，受教育年限基本在7.5年，即处理组与对照组在农户年龄和受教育水平这两项指标上基本不存在明显差异。同时，处理组农户家庭年收入和特色热带作物收入分别达到将近6.7万元、1.1万元，均高于对照组收入数据。

表 4-2 木薯描述性统计分析

类别	变量	样本量	均值	标准误	最小值	最大值
对照组	fcosts	141	265.6	138.8	60	690
	fpvol	141	149.0	74.32	0	770
	pcosts	141	38.61	20.58	0	100
	laborcosts	141	937.2	1047	300	12 003
	familyinput	141	11.97	12.21	1	75
	acre	141	5.160	11.48	0.800	100
	rlcacres	141	9.414	13.20	1.700	100
	age	141	53.75	8.143	32	75
	edu	141	7.574	2.237	2	15
	hinc	141	62 213	46 773	4 560	320 000
	minc	141	9 877	18 369	1 684	157 000

(续表)

类别	变量	样本量	均值	标准误	最小值	最大值
处理组	fcosts	198	248.5	114.5	60	720
	fpvol	198	158.7	51.47	30	300
	pcosts	198	37.89	14.72	0	100
	laborcosts	198	784.8	228.1	300	2 000
	familyinput	198	8.875	4.807	1	40
	acre	198	6.036	13.32	0.800	100
	rlcacres	198	10.60	15.49	1.700	100
	age	198	53.86	8.463	32	75
	edu	198	7.576	2.208	2	15
	hinc	198	66 542	53 717	4 560	320 000
	minc	198	11 321	21 284	1 684	157 000
全样本	fcosts	339	255.6	125.3	60	720
	fpvol	339	154.6	62.09	0	770
	pcosts	339	38.19	17.37	0	100
	laborcosts	339	848.2	699.8	300	12 003
	familyinput	339	10.16	8.804	1	75
	acre	339	5.672	12.58	0.800	100
	rlcacres	339	10.10	14.57	1.700	100
	age	339	53.81	8.319	32	75
	edu	339	7.575	2.217	2	15
	hinc	339	64 741	50 917	4 560	320 000
	minc	339	10 720	20 107	1 684	157 000

4.2.3 橡胶

从橡胶的全样本描述性统计（表4-3）中看，在农药成本、化肥成本和人工成本中，人工成本占据首位，平均年度人工工日投入高达815个，这由于在橡胶生产中橡胶的无法实现机械化收割与管理，需要耗费大量的人工投入。根据对照组与处理组对比分析，处理组亩均化肥成本、亩均农药成本和化肥投入量均显著低于对照组,而年度人工成本高于对照组、年度自家劳动力投入低于对照组。就样本农户家庭特征而言,与未参与项目的样本农户相比,家庭承包面积较大、家庭收入较高、特色热带作物收入较高的农户更倾向于参与橡胶产业链一体化项目。同时,对照组与处理组农户户主年龄、受教育年限不存在明显差异,整体上户主年龄在53岁左右,受教育年限大约是8年。

表 4-3 橡胶描述性统计分析

类别	变量	样本量	均值	标准误	最小值	最大值
对照组	fcosts	56	13 591	3 103	0	19 250
	fpvol	56	3 914	898.0	0	5 500
	pcosts	56	194.1	43.41	0	240
	laborcosts	56	82 511	11 490	8 100	99 000
	familyinput	56	838.1	54.47	725	990
	acre	56	153.3	285.7	90	1 998
	rlcacres	56	678.8	5 078	0	38 000
	age	56	52.73	6.656	34	65
	edu	56	8.643	2.354	5	16
	hinc	56	52 322	27 680	2	100 000
	minc	56	7161	10 519	0	38 000
处理组	fcosts	100	12 095	2 949	6 688	19 250
	fpvol	100	3 420	895.5	0	5 500
	pcosts	100	176.6	45.12	0	240
	laborcosts	100	86 995	73 609	17 500	810 000
	familyinput	100	802.5	67.90	700	990
	acre	100	140.5	266.9	90	1 998
	rlcacres	100	760.3	5 347	0	38 000
	age	100	52.40	6.922	34	65
	edu	100	8.480	2.329	5	16
	hinc	100	52 600	29 165	2	100 000
	minc	100	8 020	10 769	0	38 000

（续表）

类别	变量	样本量	均值	标准误	最小值	最大值
全样本	fcosts	156	12 632	3 080	0	19 250
	fpvol	156	3 597	924.6	0	5 500
	pcosts	156	182.9	45.17	0	240
	laborcosts	156	85 385	59 264	8 100	810 000
	familyinput	156	815.3	65.52	700	990
	acre	156	145.1	272.9	90	1 998
	rlcacres	156	731.1	5 236	0	38 000
	age	156	52.52	6.808	34	65
	edu	156	8.538	2.332	5	16
	hinc	156	52 500	28 551	2	100 000
	minc	156	7 712	10 654	0	38 000

4.2.4 胡椒

从总体上看（表4-4），胡椒种植的化肥成本投入居于首位，亩均化肥投入成本高达601元。而胡椒种植所需的人工投入相对较少，平均年度自家人工投入大约在32个工日，年度胡椒收入达到将近4.7万元。对比对照组与处理组要素投入成本，处理组化肥投入成本与人工投入成本均低于对照组，而自家人工投入和农药成本均高于对照组。从收入上看，处理组家庭总收入均值和特色热带作物收入均值均低于对照组。这表明，参与项目的农户收入相对偏低，而在人工投入、农药成本等方面相对较高，更倾向于参与项目改善胡椒经营、进而降低成本，这与木薯和橡胶存在显著差异。

表4-4 胡椒描述性统计分析

类别	变量	样本量	均值	标准误	最小值	最大值
对照组	fcosts	225	611.5	551.4	0	5 130
	fpvol	225	165.0	144.8	0	1 200
	pcosts	225	154.3	209.2	0	2 000
	laborcosts	225	3 884	3 161	0	35 000

(续表)

类别	变量	样本量	均值	标准误	最小值	最大值
对照组	familyinput	225	28.51	23.81	0	200
	acre	225	10.69	5.482	0	21.50
	rlcacres	231	11.51	5.774	2.800	50
	age	231	55.57	11.09	36	82
	edu	231	11	2.047	3	17
	hinc	231	80 871	38 841	11 000	200 000
	minc	231	49 042	25 506	0	113 000
处理组	fcosts	114	581.4	719.0	0	6 000
	fpvol	114	203.0	355.6	0	3 000
	pcosts	114	221.1	259.0	0	2 000
	laborcosts	114	3 051	3 480	0	33 000
	familyinput	114	36.60	45.46	0	200
	acre	114	9.170	5.843	0	21
	rlcacres	114	11.49	7.569	2.800	50
	age	114	52.30	11.21	36	82
	edu	114	10.11	3.152	3	17
	hinc	114	74 234	33 134	11 400	200 000
	minc	114	44 014	27 442	0	113 000
全样本	fcosts	339	601.4	612.0	0	6 000
	fpvol	339	177.8	237.7	0	3 000
	pcosts	339	176.8	229.0	0	2 000
	laborcosts	339	3 604	3 290	0	35 000
	familyinput	339	31.23	32.88	0	200
	acre	339	10.18	5.643	0	21.50
	rlcacres	345	11.51	6.412	2.800	50
	age	345	54.49	11.22	36	82
	edu	345	10.70	2.499	3	17
	hinc	345	78 678	37 136	11 000	200 000
	minc	345	47 380	26 229	0	113 000

4.2.5 咖啡

总体上看,咖啡的种植投入成本主要集中于人工成本,其中,年度人工投入总成本均值高达3.4万元,而年度化肥投入总成本均值约为2 600元,咖啡树的经营管理与咖啡豆的采摘由于无法实现机械化大规模经营,需要大量的人工投入。对比分析处理组与对照组数据,在生产成本上处理组年度总化肥成本、年度使用化肥总量、年度人工成本均低于对照组。同时,处理组农户咖啡年均收入和家庭年均总收入分别为2.6万元、4.8万元,均高于对照组数据,这表明收入较高的农户更倾向于进行咖啡一体化经营改革。同时,处理组与对照组农户户主年龄、受教育年限基本无差异。详见表4-5。

表4-5 咖啡描述性统计分析

类别	变量	样本量	均值	标准误	最小值	最大值
对照组	tfcosts	43	2 689	2 542	293.8	11 250
	tfpvol	42	1 115	1 625	0	10 000
	laborcosts	41	35 071	106 811	0	684 000
	familyinput	41	242.6	282.6	10	900
	acre	43	6.505	4.686	1	16
	rlcacres	43	6.679	9.506	0	52
	age	43	49.88	12.11	3	80
	edu	43	6.372	3.086	0	15
	hinc	43	48 758	34 214	5 500	147 000
	minc	42	20 524	19 616	400	65 000
处理组	tfcosts	62	2 552	1 755	293.8	6 750
	tfpvol	60	1 076	1 773	93.75	10 000
	laborcosts	62	33 382	88 088	0	684 000
	familyinput	62	297.2	296.4	10	900
	acre	62	6.426	4.461	1	16
	rlcacres	62	6.652	10.68	0	52
	age	62	49.45	13.99	3	80
	edu	62	6.903	3.087	0	15
	hinc	62	48 334	37 064	6 000	165 200
	minc	62	26 098	19 969	400	75 000

(续表)

类别	变量	样本量	均值	标准误	最小值	最大值
全样本	tfcosts	105	2608	2102	293.8	11 250
	tfpvol	102	1 092	1 706	0	10 000
	laborcosts	103	34 055	95 473	0	684 000
	familyinput	103	275.5	290.8	10	900
	acre	105	6.458	4.532	1	16
	rlcacres	105	6.663	10.17	0	52
	age	105	49.63	13.20	3	80
	edu	105	6.686	3.083	0	15
	hinc	105	48 508	35 756	5 500	165 200
	minc	104	23 847	19 922	400	75 000

4.3 评价结果分析

4.3.1 木薯

从技术层面上看，木薯产业链一体化项目技术主要包括三种，分别是：木薯种茎安全处理预防减灾轻简化技术、木薯土壤改良与高效栽培技术和木薯副产物利用技术。其中，三项技术均能通过调整施用化肥方案实现化肥要素投入层面的化肥成本压缩，实现环境可持续。因此，本部分重点关注种植木薯的农户通过采用相关技术、参与项目所实现的化肥成本的变动。

本章首先采用理论上最能准确反映农户参与木薯产业链一体化项目效果的 PSM-DID 方法进行参数估计，结果整理在表 4-6 的回归结果（1）。估计结果显示，did 在 10% 的显著性水平上显著，且估计系数为 -0.240。这表明农户参与"木薯产业链一体化项目"的平均处理效应为 -0.240。因此，在其他条件不变的情况下，农户参与该项目使每亩化肥成本显著下降 24.0%。

为了对比不同方法之间的差异，本研究也分别估计了普通 OLS、DID 两种方法的结果。普通 OLS 和 DID 的估计结果整理在表 4-6。表 4-6 的回归结果（2）显示，参与项目对农户降低化肥成本不存在显著影响。这可能是由于普通 OLS 无法控制影响农户花费成本的不可观测变量，由此可能造成内生性问题导致结果出现偏差。表 4-6 的回归结果（3）采用双重差分的方法进行回归，结果显示 did 在 10% 的显著性水平上显著，即与未参与项目的农户相比，参与项目使得农户种植木薯的化肥成本降低约17.8%。该结果与 PSM-DID 回归差异不是很大，一方面表明本研究的研究结果存在稳健性，另一方面也表明 DID 的估计结果低估了农户参与"木薯产业链一体化"项目的平均处理效应。这主要是因为 DID 可以在一定程度上能够控制不可观测变量，但由于农户是否参与项目是农户根据自身做出的选择，并非外生，因此可能存在农户自选择问题导致的内生性，进而导致回归结果出现偏差。

表 4-6 模型估计结果—木薯

	（1）PSM-DID lnfcosts	（2）OLS lnfcosts	（3）DID lnfcosts
did	-0.240* (-2.070)		-0.178* (0.141)
acre	-0.008 (0.005)	-0.008** (0.004)	-0.008** (0.003)
rlcacres	0.008* (0.005)	0.008*** (0.003)	0.009*** (0.003)
age	0.005 (0.003)	0.005** (0.002)	0.005** (0.002)
edu	0.037* (0.020)	0.035** (0.014)	0.035*** (0.013)
D	-0.075 (0.052)	-0.062 (0.045)	-0.081 (0.053)
T	0.329** (0.119)		0.268** (0.131)
_cons	2.973*** (0.290)	2.975*** (0.200)	2.946*** (0.194)

(续表)

	(1)	(2)	(3)
	PSM-DID	OLS	DID
	lnfcosts	lnfcosts	lnfcosts
N	330	339	339
r2_a	0.065	0.041	0.059

t statistics inparentheses = " * p<0.1 ** p<0.05 *** p<0.01"

4.3.2 橡胶

在橡胶产业链一体化项目中，涉及从种苗繁育、土壤养护、病虫防害到机械施肥等多项农业技术的推广施用，其中重点项目实施效果为通过优化土壤调理配方和采用物理防控病虫害检测，减少农肥施用对土壤的损伤，同时通过无人机施肥减少橡胶种植经营中的人力投入，达到降低人工成本的效果。因此，在橡胶产业链一体化效果评价中，本部分重点关注农户参与项目对橡胶人工成本和农药成本的作用效果。

本部分的技术效果评价方法与4.3.2木薯的技术效果评价方法相同，首先采用PSM-DID方法进行参数估计，随后分别利用DID和OLS对比不同结果差异。表4-7为橡胶技术效果评价模型估计结果，其中，回归结果（1）和（2）为PSM-DID模型估计结果，回归结果（3）和（4）为DID模型估计结果，回归结果（5）和（6）为OLS模型估计结果；回归结果（1）（3）和（5）以lnlaborcosts为被解释变量进行参数估计，回归结果（2）（4）和（6）以lnpcosts为被解释变量的估计结果。表4-7回归结果（1）和（2）显示，did均在1%的显著性水平上显著，且估计系数分别为-0.190和-0.091。这表明在其他条件不变的情况下，农户参与橡胶产业链一体化项目使得农户人工成本显著下降约19%，使得农药投入成本显著下降约9.1%。

对比不同研究方法的差异，表4-7显示，当以lnlaborcosts为被解释变量利用DID进行参数估计时，结果显示农户参与项目对人工成本差异不存在显著影响。当以lnpcosts为解释变量时，DID回归结果显示did在1%的显著性水平上显著，且估计系数为-0.121，即农户参与项目使得农户农药成本显著下降12.1%；OLS回归结果现在D在1%的显著性水平上显著，且估计系数为-0.124，即农户参与项目使得农户农药成本显著下降12.4%，DID、OLS与PSM-DID回归结果差异均不大，说明本研究的研究结果具有稳健性。

表4-7 模型估计结果—橡胶

	（1）	（2）	（3）	（4）	（5）	（6）
	PSM-DID		DID		OLS	
	lnlaborcosts	lnpcosts	lnlaborcosts	lnpcosts	lnlaborcosts	lnpcosts
did	-0.190***	-0.091***	-0.077	-0.121***		
	(0.041)	(0.013)	(0.083)	(0.026)		
T	-0.104**	-0.362***	-0.113**	-0.362***		
	(0.039)	(0.011)	(0.052)	(0.017)		
D	0.069	-0.018**	0.065	-0.017	-0.026	-0.124***
	(0.048)	(0.006)	(0.063)	(0.018)	(0.051)	(0.022)
acre	-0.000	-0.000	-0.000	-0.000	-0.000	-0.000
	(0.000)	(0.000)	(0.000)	(0.000)	(0.000)	(0.000)
age	-0.009*	-0.004	-0.008**	-0.004***	-0.008**	-0.005**
	(0.004)	(0.002)	(0.004)	(0.001)	(0.004)	(0.002)
edu	-0.007**	-0.002	-0.004	-0.001	-0.005	-0.003
	(0.003)	(0.005)	(0.004)	(0.004)	(0.005)	(0.006)
rlca	-0.000	-0.000***	-0.000*	-0.000***	-0.000	-0.000**
	(0.000)	(0.000)	(0.000)	(0.000)	(0.000)	(0.000)
_cons	9.906***	3.642***	9.855***	3.645***	9.867***	3.683***
	(0.286)	(0.156)	(0.214)	(0.096)	(0.223)	(0.141)
N	115	109	156	150	156	150
r2_a	0.034	0.550	0.052	0.659	-0.003	0.173

Standard errors in parentheses
=" * $p<0.1$ ** $p<0.05$ *** $p<0.01$"

4.3.3 胡椒

在胡椒产业链一体化经营中，主要涉及四项农业技术，包括胡椒瘟病绿色综合防控技术、胡椒水肥一体化技术、胡椒小型机械化开沟施肥技术和胡椒连续机械化脱皮。结合问卷调查情况，二三项技术的共同作用效果为通过水肥一体和机械施肥，实现化肥量和化肥成本的节约。因此，本部分重点关注胡椒种植农户参与项目对化肥施用量和化肥成本的作用。

　　胡椒的技术评价效果与木薯、橡胶方法相同，表4-8为胡椒的模型估计结果。其中，回归结果（1）和（2）、回归结果（3）和（4）、回归结果（5）和（6）分别为采用PSM-DID、DID和OLS方法进行回归后的结果；表中（1）（3）和（5）以lnfpvol为被解释变量，表中（2）（4）和（6）以lnfcosts为被解释变量。本部分所关注的重点为表4-8中（1）和（2）的did结果，结果显示，当以lnfpvol和lnfcosts为被解释变量时did均在5%的显著性水平上显著，估计系数分别为-0.287和-0.270，即：在其他条件不变的情况下，农户参与胡椒产业链一体化项目使得每亩化肥使用量和每亩化肥成本分别显著下降28.7%和27%。

　　对比其他方法回归结果，当以lnfpvol为被解释变量时，使用DID进行回归后结果显示，did在10%的显著性水平上显著，估计系数为-0.309，即农户参与项目使得农户每亩化肥施用量下降30.9%，与PSM-DID回归结果差异较小，增强了本研究的稳健性。当以lnpcosts为被解释变量分别使用DID和OLS回归后发现，结果分别在10%和5%的显著性水平上显著，且系数与PSM-DID系数差异较小，DID与OLS低估了农户参与项目对农户每亩化肥成本的作用效果。

表4-8　模型估计结果—胡椒

	(1)	(2)	(3)	(4)	(5)	(6)
	PSM-DID		DID		OLS	
	lnfpvol	lnfcosts	lnfpvol	lnfcosts	lnfpvol	lnfcosts
did	-0.287**	-0.270**	-0.309*	-0.221*		
	(0.119)	(0.092)	(0.159)	(0.124)		
time	-0.005	0.103*	-0.008	0.072		
	(0.030)	(0.045)	(0.075)	(0.069)		
treated	0.034	-0.110	0.042	-0.083	-0.116	-0.172**
	(0.093)	(0.071)	(0.095)	(0.075)	(0.094)	(0.066)

(续表)

	(1)	(2)	(3)	(4)	(5)	(6)
	PSM-DID		DID		OLS	
	lnfpvol	lnfcosts	lnfpvol	lnfcosts	lnfpvol	lnfcosts
acre	-0.049*	-0.059	-0.042***	-0.048***	-0.042***	-0.047***
	(0.025)	(0.031)	(0.012)	(0.018)	(0.013)	(0.018)
age2021	-0.003	0.005	-0.002	0.003	-0.002	0.004
	(0.008)	(0.015)	(0.004)	(0.003)	(0.004)	(0.003)
edu2021	-0.022*	-0.006	-0.011	-0.001	-0.012	-0.000
	(0.012)	(0.061)	(0.028)	(0.015)	(0.029)	(0.015)
rlca2021	0.030	0.043	0.024**	0.038**	0.024**	0.037**
	(0.029)	(0.037)	(0.010)	(0.018)	(0.010)	(0.018)
_cons	5.600***	4.354***	5.411***	6.249***	5.427***	6.236***
	(0.341)	(1.177)	(0.460)	(0.291)	(0.466)	(0.291)
N	281	217	327	320	327	320
r2_a	0.117	0.172	0.097	0.121	0.078	0.116

Standard errors in parentheses
=" * $p<0.1$ ** $p<0.05$ *** $p<0.01$"

4.3.4 咖啡

由于咖啡调研样本数量较少，本研究采用案例分析的方式评价咖啡产业链一体化技术的实施效果。农户 A 是一名"咖啡三代"，经营 2 000 亩左右的咖啡园，该基地自 1999 年建立，目前已经实现种植加工一体化经营，年均总产量达到 70~80 吨，除自留 20 吨用于进行深入精细加工外，其余部分全部用于直接出售生豆。2019 年前，该基地采用传统的经营管理模式，以出售生豆为主，并从事简单的普通咖啡豆加工，在生产经营中存在种苗产量低、管理不到位、生产链条较短、生产效率低下、经济收益有限的问题。2019 年，该基地开始进行一体化经营改革，主要对种苗管理和深加工两个环节进行改革。其中，咖啡苗种植方面由专门的公司负责咖啡种苗的更新与养护，公司根据基地实际情况提供专业的技术服务与支持，大大改善了农户种苗品质低、管理技术落后的不利处境，减轻农户种苗管理压力。

在专业公司的帮助下，基地通过嫁接方式进行种苗更新换代，咖啡产量、质量得到显著改善，该基地由此也实现了从只做普通果到精品果的转变。同时，该基地进行生产加工技术的更新，由过去依靠温度发酵的加工模式升级为脱浆机加工，加大晾晒架等设备投入，大大提高了加工效率。由于精品果的价格在每 100~120 元/kg，而普通果价格大约只有每 kg40~60 元，果实品质和产量的双重改善与提升为农户带来了经济效益的提升。

参考文献

国务院，2022-02-11. 国务院关于印发"十四五"推进农业农村现代化规划的通知，2022.

郝健，张明玉，王继承，2021. 国有企业党委书记和董事长"二职合一"能否实现"双责并履"？——基于倾向得分匹配的双重差分模型 [J]. 管理世界，37（12）：195-208.

贾敬敦，吴飞鸣，孙传范，等，2015. 农业科技成果评价指标体系构建研究 [J]. 中国农业科技导报，17（6）：1-7.

孔祥智，楼栋，2012. 农业技术推广的国际比较、时态举证与中国对策 [J]. 改革（1）：12-23.

农业农村部，2021-12-24. 农业农村部关于印发《"十四五"全国农业农村科技发展规划》的通知，2022.

钱雪松，方胜，2021.《物权法》出台、融资约束与民营企业投资效率——基于双重差分法的经验分析 [J]. 经济学（季刊），21（2）：713-32.

沈坤荣，金刚，2018. 中国地方政府环境治理的政策效应——基于"河长制"演进的研究 [J]. 中国社会科学（5）：92-115，206.

孙生阳，孙艺夺，胡瑞法，等，2018. 中国农技推广体系的现状、问题及政策研究 [J]. 中国软科学（6）：25-34.

王宁，冯克云，南宏宇，等，2022. 不同水分条件下有机无机肥配施对棉花根系特征及产量的影响 [J]. 中国农业科学，55（11）：2187-2201.

王颖婕，柳卸林，王雪璐，等，2020. 科研项目学术价值评价及影响因素研究 [J]. 科学学研究，38（3）：409-417.

王忠，文宇峰，孙玉芳，等，2021. 创新质量和贡献导向下科研项目绩效评价体系研究［J］. 管理科学，34（1）：28-37.

魏全全，高英，苟久兰，等，2022. 播种量和播种方式对冬油菜养分吸收利用及产量的影响［J］. 中国农业科技导报，24（8）：182-91.

杨毅，陶旭，孙康泰，2022. "十三五"国家重点研发计划农业领域立项项目布局分析——以畜禽重大疫病防控与高效安全养殖重点专项为例［J］. 华中农业大学学报（自然科学版），41（3）：79-86.

张复宏，宋晓丽，霍明，2021. 苹果种植户采纳测土配方施肥技术的经济效果评价——基于PSM及成本效率模型的实证分析［J］. 农业技术经济（4）：59-72.

赵连阁，蔡书凯，2013. 晚稻种植农户IPM技术采纳的农药成本节约和粮食增产效果分析［J］. 中国农村经济（5）：78-87.

CALIENDO M, KOPEINIG S, 2008. SOME PRACTICAL GUIDANCE FOR THE IMPLEMENTATION OF PROPENSITY SCORE MATCHING［J］. Journal of Economic Surveys, 22（1）：31-72.

CARD D, KRUEGER AB, 2000. Minimum Wages and Employment: A Case Study of the Fast-Food Industry in New Jersey and Pennsylvania: Reply［J］. American Economic Review, 90（5）：1397-1420.

DEHEJIA RH, WAHBA S, 2002. Propensity Score-Matching Methods for Nonexperimental Causal Studies［J］. The Review of Economics and Statistics, 84（1）：151-161.

HAN X, XUE P, ZHANG N, 2021. Impact of Grain Subsidy Reform on the Land Use of Smallholder Farms: Evidence from Huang-Huai-Hai Plain in China［J］. Land, 10（9）：929.

HAN X, YANG S, CHEN Y, WANG Y, 2019. Urban segregation and food consumption［J］. China Agricultural Economic Review, 11（4）：583-599.

HECKMAN JJ, ICHIMURA H, TODD PE, 1997. Matching As An Econometric Evaluation Estimator: Evidence from Evaluating a Job Training Programme［J］. The Review of Economic Studies, 64（4）：605-654.

IMBENS GW, LEMIEUX T, 2008. Regression discontinuity designs: A guide to practice［J］. Journal of Econometrics, 142（2）：615-635.

第5章 特色热带作物产业链一体化发展模式评价与优化

香辛料作物胡椒、饮料作物咖啡、工业原料作物橡胶和生物能源与粮食作物木薯是热带作物的重要组成和典型代表，种植面积和农业产值分别占全国热作的34%和13%。由于技术集成性差、产业链整合度不高，导致产业整体效益偏低。本研究以咖啡为热带作物代表，基于咖啡全产业链的各环节技术升级优化、产前产中产后一体化的整合优势和利益分配模式等，对其一体化发展模式进行评价和优化，助力产业链一体化示范区及高效商业模式的建立。通过产业链一体化发展，实现传统农业生产活动的升级，提高种植端收益，最终目的是脱贫攻坚、城乡一体化。具体分析思路如下：首先，依据文献分析法，根据现有文献，选取影响中国特色热带作物产业链一体化发展状况的指标，构建综合评价指标体系。其次，运用熵值法确定各评价指标的权重值，并计算评价指标综合得分。最后，根据得分结果，完成特色热带作物产业链一体化发展模式归纳总结，完成一体化发展模式总结和效果评价报告，并提出特色热带作物产业链一体化发展模式的优化方案。

5.1 指标体系构建、研究方法与数据说明

5.1.1 指标体系的构建

构建特色热带作物产业链一体化发展模式指标体系，主要是针对我国香辛饮料作物（胡椒、咖啡）、橡胶树和木薯等特色热带作物产业技术集成性差、整体效益偏低等问题，通过生产环节的技术集成形成产业链一体化技术模式，通过"龙头企业+科研机构+合作社或农户"产业合作模式，建立产业链一体化技术示范基地，实现"产、加、销"各

环节有效衔接。同时，不仅显著促进全产业链的优质高产和提质增效，具有潜在的经济效益，还突出公益性，具有显著的社会效益。此外，注重采用肥药减施、低能耗和低污染机械加工等技术，从源头上大幅度减少污染物排放量，促进产业绿色健康发展，体现了保护自然资源和生态环境的价值。

  本部分基于上述经济效益、社会效益和生态效益 3 个纬度构建评价指标体系，对特色热带作物产业链一体化发展模式进行评价优化。在经济效益方面，主要从种子/种苗、肥料成本、机械排灌成本、土地租金、人工成本、开发加工产品数量和带动下游产业增加值 7 个层面考察产业链一体化发展模式对降低生产成本的作用；在社会效益方面，主要从农户销售收入、累计带动农户增收数量和累计培训技术能手数量 3 个层面进行分析热带作物产业链一体化发展模式创造的社会价值；在生态效益方面，主要从化肥施用量、农药使用量、工业废水处理率 3 个层面分析产业链一体化发展模式的生态价值。基于上述分析特色热带作物产业链一体化模式评价指标体系，共包含一级指标 3 个，二级指标 13 个，如表 5-1 所示。

表 5-1 特色热带作物产业链一体化发展模式评价指标体系

一级指标	二级指标	单位	指标含义	指标属性
经济效益	种子/种苗成本	元	购买种子/种苗的支出	负向
	肥料成本	元	购买化肥、有机肥的支出	负向
	农药农膜成本	元	购买农药、农膜的支出	负向
	机械排灌成本	元	排灌、使用机械的支出	负向
	土地租金	元	进行土地租赁的支出	负向
	人工成本	元	包含雇工和自家劳动力的成本	负向
	下游产业增加值	元	采用原料利用率、加工效率及附加值高的优质加工技术，进行一体化示范带动	正向
社会效益	销售收入	元	销售收入	正向
	土地流转面积	亩	转入或转出的土地面积	正向
	雇佣劳动力	工日	雇佣的劳动力数量	正向
	企业培训人次	个	在国内培训企业管理者人次	正向

(续表)

一级指标	二级指标	单位	指标含义	指标属性
生态效益	化肥施用量	公斤	化肥购买量	负向
	有机肥购买量	公斤	有机肥购买量	正向
	农药使用量	是否减少	农药使用量	负向
	加工废水排量	升	企业加工废水排放量	负向

5.1.2 研究方法

本书运用熵值法确定评价指标的权重值,并计算指标综合得分。熵值法是客观赋权的分析方法,其作用在于度量不确定性(刘云菲 等,2021)。当信息量越大,不确定性就越小,熵也就越小;信息量越小,不确定性越大,熵也越大。因而可以利用熵值携带的信息进行权重计算,结合各项指标的变异程度,利用信息熵这个工具,计算出各项指标的权重,从而为后续的多指标综合评价提供依据。

1. 标准化数据。在确定权重前,为避免数据方向不一致,同时消除负数和零对后续分析的影响,需对数据进行正向化或逆向化处理。

对于越大越好的正向指标建立公式如下,

$$y_{ij} = \frac{x_{ij} - x_{i\min}}{x_{i\max} - x_{i\min}} + 0.0001 \quad i = 1, 2, \cdots, m; j = 1, 2, \cdots, n$$

式(5-1)

对于越小越好的负向指标建立公式如下,

$$y_{ij} = \frac{x_{i\max} - x_{ij}}{x_{i\max} - x_{i\min}} + 0.0001 \quad i = 1, 2, \cdots, m; j = 1, 2, \cdots, n$$

式(5-2)

式中,x_{ij} 表示处理前的第 i 个项目第 j 项指标的指标值;y_{ij} 表示进行标准化处理后的第 i 个项目第 j 项指标在的指标值。

2. 使用熵值法确定评价指标权重值的步骤。

计算第 j 项指标在第 i 个项目占该指标的比重,

$$P_{ij} = C_{ij} / \sum_{j=1}^{n} C_{ij} \quad i = 1, 2, \cdots, m; j = 1, 2, \cdots, n$$

式(5-3)

计算第 j 项指标的熵值，

$$e_j = -k \times \sum_{i=1}^{n} P_{ij}\ln(P_{ij}) \qquad i = 1, 2, \cdots, m; j = 1, 2, \cdots, n$$

式（5-4）

式中，$k > 0$；ln 为自然对数；$e_j \geq 0$。式中常数 k 与样本数 m 有关，一般令 $k = 1/lnm$，则 $0 \leq e \leq 1$。

计算第 j 项指标的差异系数，

$$g_j = 1 - e_j \qquad j = 1, 2, \cdots, n$$

式（5-5）

对于第 j 项指标，指标值 C_{ij} 的熵值越小，差异越大，对方案评价的作用越大。即 g_j 越大指标越重要，因而可求权重数：

$$W_j = g_j / \sum_{j=1}^{m} g_j \qquad j = 1, 2, \cdots, n$$

式（5-6）

3. 计算综合评价得分。

$$S_i = \sum_{j=1}^{n} W_j y_{ij}$$

式（5-7）

式中，S_i 为第 i 个项目的综合评价得分；W_j 为求得的第 j 项指标的权重。

5.2 评价结果分析

5.2.1 特色热带作物产业链一体化发展模式总体分析

特色热带作物产业链一体化发展水平取决于"经济效益、社会效益、生态效益"3 个层面的综合作用。通过观察图 5-1 可知，对木薯、胡椒和橡胶三种作物产业链一体化发展水平进行综合评分，发现木薯、胡椒和橡胶的综合得分分别排名第 1 位、第 2 位和第 3 位。

根据图 5-2 所示，木薯虽然在经济效益得分和生态效益得分上均排名第 2，但其社会效益得分达到了 0.247 4 分，远高于橡胶的 0.053 5 分和胡椒的 0.008 6 分，使得木薯的产业链一体化发展水平得分达到了 0.620 5 分，排名第一。胡椒虽然在经济效益等分和生态效益得分上均排名第一，但领先幅度均不大。特别是其经济效益得分为 0.324 0 分，仅比木薯该项目的得分 0.307 6 分高 0.016 4 分。而在社会效益得分上，胡椒的得分仅为 0.008 6 分，排名最后。因此，虽然胡椒在经济效益和生态效益上的表现

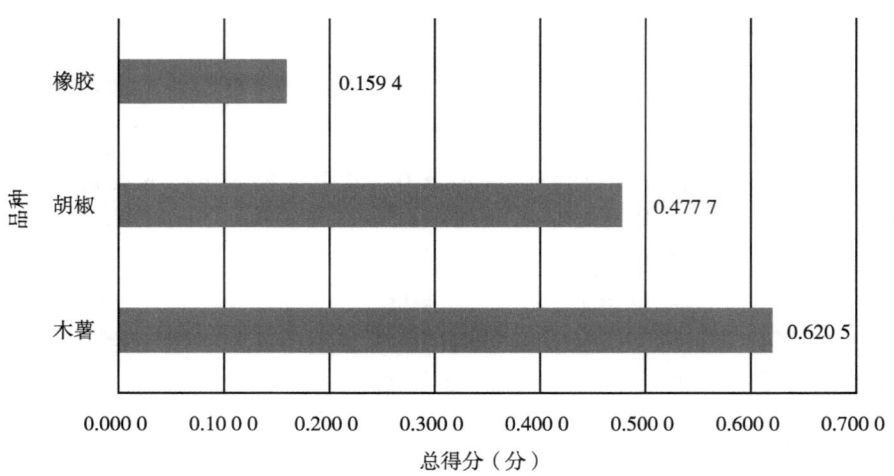

图 5-1 特色热带作物产业链一体化发展模式总得分

具有一定优势，但综合得分依然排在木薯之后，位列第二。橡胶除了在社会效益上表现较好，得到 0.053 5 分排名第 2 外，在经济效益和生态效益上的表现均排名最后。因而，相加的综合得分为三种作物中的最后一名。

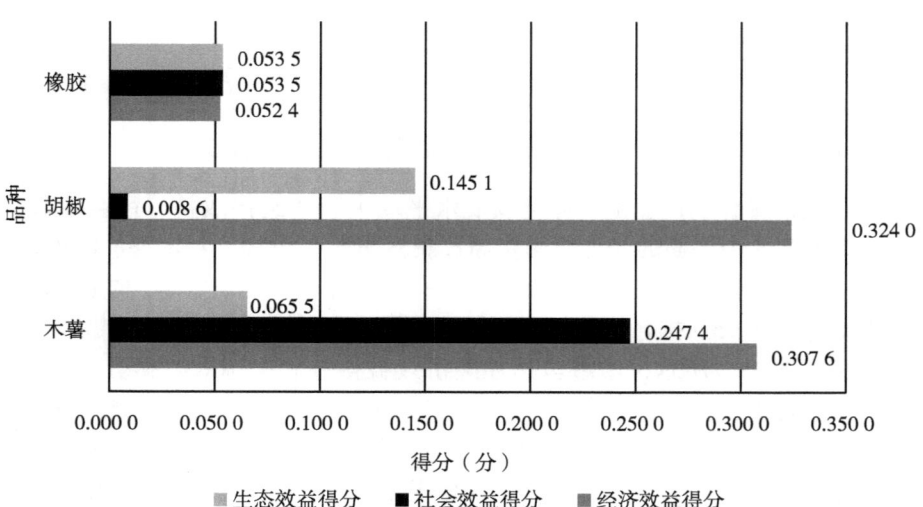

图 5-2 特色热带作物产业链一体化发展模式分项得分

5.2.2 特色热带作物产业链一体化发展模式一级指标比较分析

特色热带作物产业链一体化发展的经济效益取决于种子/种苗成本、肥料成本、机械排灌成本、土地租金、人工成本、开发加工产品增幅和营业收入7个指标的共同作用。通过观察图5-3可知,木薯的机械排灌成本得分最高,达到了0.1306分,远高于胡椒和橡胶,而肥料成本得分和人工成本得分也均高于0.05分,这使得木薯在经济效益上的总得分超过了胡椒和橡胶,排名第一。胡椒在种子/种苗成本的得分最高,为0.1189分,而其在营业收入和开发加工产品增幅上也较其他两种作物更有优势,其得分分别为0.0714分和0.0654分。但其对土地租金、肥料成本和人工成本的控制并不尽如人意,上述三项二级指标的得分均较低,这拉低了胡椒的经济效益总得分,使其经济效益总排名屈居第二。橡胶仅在人工成本和营业收入上取得了0.0346和0.0177的得分,其他项目的得分均低于0.001,表明其经济效益整体较差,因而在三种作物中仅位列最后。

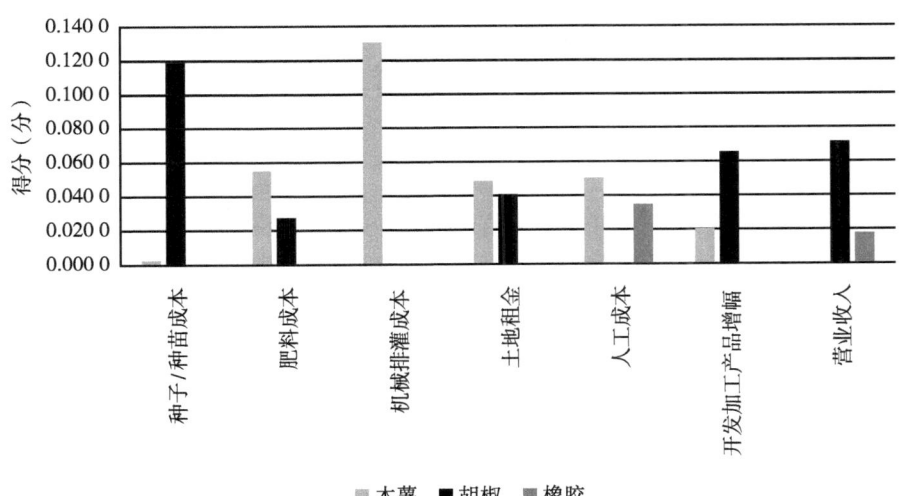

图5-3 特色热带作物产业链一体化发展模式经济效益分项得分

特色热带作物产业链一体化发展的社会效益取决于农户销售收入增幅、带动农户增收数量和培训技术能手数量三个指标的共同作用。根据图5-4，木薯在培训技术能手数量和带动农户增收数量两个指标上的表现均非常出色，得分分别达到0.114 4分和0.097 2分，均远高于胡椒和橡胶在该项目上的得分。同时，木薯在农户销售收入增幅上的得分0.035 8分也仅比橡胶在该项目上的0.049 9分略低。因此，从社会效益的表现来看，木薯的总体得分远高于橡胶和胡椒，排名第一。

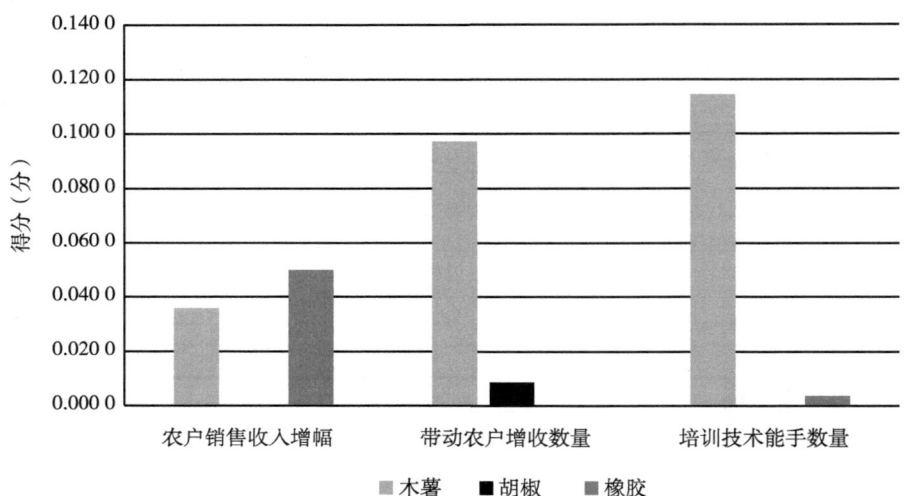

图 5-4　特色热带作物产业链一体化发展模式社会效益分项得分

特色热带作物产业链一体化发展的生态效益取决于化肥使用量、农药使用量和工业废水处理率增长三个指标的共同作用。根据图5-5，胡椒在化肥使用量上得分远超木薯和橡胶，表明胡椒十分重视控制化肥使用量，这减少了对生态环境的污染。胡椒在工业废水处理率增上也取得了0.059 4的高分，相较而言，橡胶和木薯在该项目的得分仅分别为0.023 9分和0.000 0。但胡椒的农药使用量较大，这也使得其该项目得分落后于木薯的0.053 2分和相交的0.029 5分，仅排名第三。但总体上，胡椒在生态效益上的表现明显优于木薯和橡胶。

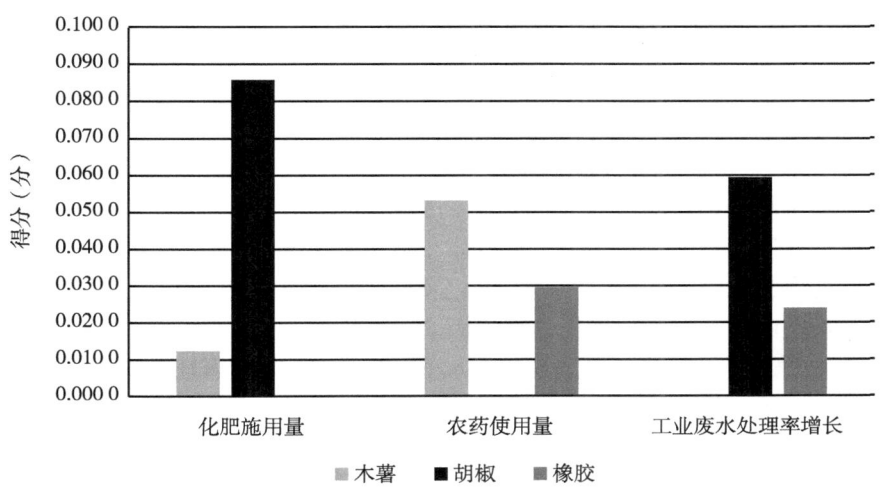

图 5-5 特色热带作物产业链一体化发展模式生态效益分项得分

5.3 优化方案

5.3.1 继续加大农户层面的技术供给和示范推广力度

研究结果表明，技术集成与示范类的国家重点研发计划在突破产业发展面临技术瓶颈、实现"优质高产、提质增效"中起到重要作用。尤其在农户层面，真正实现了农业技术从实验室到达田间地头。在木薯、胡椒和橡胶三个特色热带作物产业链一体化评价中，农户层面因为使用新技术而产生了明显的经济效益和生态效益。其中，木薯的特色热带作物产业链一体化发展模式评价总得分中，有56.83%来自农户层面的新技术采纳；胡椒的总得分中，有57.13%来自农户层面的新技术采纳；橡胶的总得分中，有40.31%来自农户层面的新技术采纳。因此，有必要在特色热带作物产业链一体化发展过程中，继续加大农户层面的技术供给和示范推广力度，依靠技术进步"降本提质增效"，持续提升我国特色热带作物的市场竞争力。

5.3.2　长期稳定支持多年生作物的技术供给和示范推广

由于科研项目实施周期仅为 3 年，短于多年生特色热带作物的挂果期（或割胶期），胡椒和橡胶种植户综合使用相关新技术的成效尚未显现。有的效果只体现在种苗成本下降，有的只体现在化肥成本下降。在企业层面，加工端和销售端的技术和管理创新还没有充分结合原材料端"降本提质增效"的优势，产业链一体化发展模式的成效也没有得到充分体现。这也是在特色热带作物产业链一体化发展模式评价总得分中，多年生的胡椒和橡胶的得分低于木薯的内在原因之一。因此，有必要针对多年生特色热带作物，设置种植—挂果期（或割胶期）或全生命周期的产业链一体化技术示范和推广计划，长期稳定地向产业链主体提供技术供给。

5.3.3　进一步支持鼓励龙头企业发挥核心作用

特色热带作物胡椒、咖啡、橡胶和木薯本身就是重要的香辛料、饮料和工业原料，带有很强的产业链一体化发展属性。其中，龙头企业向上游联结农户向下游对接市场，在技术研发方面与科研院所合作，在特色热带作物产业链发展中发挥重要作用，甚至是核心作用。但是在产业链一体化发展模式评价中，企业的带动作用还不是很突出。除了由于项目实施周期较短导致农户端的"降本提质增效"还没有充分传递至企业端，以及市场波动增加企业经营压力，另一个重要原因是特色热带作物产业链技术供给没有形成合力。课题组在实地调研中发现，农户端的技术供给方主要是科研院所，技术供给内容与企业对原材料的要求没有完全保持一致。因此，在今后的特色热带作物产业链一体化发展中，有必要进一步支持鼓励龙头企业发挥核心作用，更充分地满足龙头企业对技术的需求。

第6章 结论与政策建议

6.1 主要结论

当前,我国特色热带作物生产稳中有进,质量效益明显提升,产业结构不断优化,组织化水平不断提升。但是,我国特色热带作物产业依然存在许多问题,主要表现在热带作物产品结构仍需优化,产业链延伸不足,热带作物科技发展基础薄弱,缺乏产业竞争力,热带作物发展高素质人才不足,产业发展体制机制不健全等。

随着特色热带作物产业的发展,我国特色热带作物形成了产业链一体化的发展模式。具体来看,胡椒产业形成产前抗逆种苗高效繁育技术优化创新、产中高效生产技术驱动、产后优质加工工艺与技术集成驱动的产业链一体化发展模式,橡胶产业形成生产环节技术优化与支撑、加工环节技术支撑、销售环节培育新品牌的产业链一体化发展模式,木薯产业形成木薯关键技术集成创新应用模式、集成土壤养护和高效栽培技术应用、集成木薯变性淀粉加工技术应用、集成木薯副产物综合利用技术应用的产业链一体化发展模式,咖啡产业形成多业态融合发展模式。

从特色热带作物产业链一体化技术成效的评价角度来看,在其他条件不变的情况下,农户参与"木薯产业链一体化项目"可以使每亩化肥成本显著下降24.0%,农户参与"橡胶产业链一体化项目"使得农户人工成本显著下降约19%,使得农药投入成本显著下降约9.1%,农户参与"胡椒产业链一体化项目"使得每亩化肥使用量和每亩化肥成本分别显著下降28.7%和27%,农户参与"咖啡产业链一体化项目"可以大大改善农户种苗品质低、管理技术落后的不利处境,减轻农户种苗管理压力。

6.2 政策建议

6.2.1 强化政策扶持

结合乡村振兴战略和美丽乡村建设,实行特色热带作物发展的统一规划、分步实施,整合项目资金,各地应当根据特色热带作物产业布局实际,结合加工、仓储等中心建设,按照"统一布局、逐步推进、宁缺毋滥"的原则,加强对特色热带作物产业链一体化发展基地建设的可行性研究,防止盲目发展,为特色热带作物产业链一体化发展打下坚实基础。

6.2.2 创新经营模式

持续深化农村改革,推进农业经营方式创新,培育壮大特色热带作物产业发展的创新创业群体,大力发展专业大户、家庭农场、合作社、龙头企业等特色热带作物产业发展主体,推动产业联合体建设。强化特色热带作物产业链一体化示范区建设,鼓励相关主体积极对接外贸公司,多渠道扩大特色热带作物出口,推动我国特色热带作物产业集群成为产业发展引领者。加快培育构建新型职业农民队伍,着力培育一批具有国际化视野和掌握世界先进技术及管理经验的新型特色热带作物产业经营人才。

6.2.3 延伸产业链条

拓展农业功能,完善冷链物流体系建设,积极探索休闲农业与特色热带作物产业发展的有机结合模式,延长特色热带作物产业链条,提产业附加值,构建集生产、加工、科技、营销、冷链、服务、休闲于一体的全产业链模式,推动特色热带作物生产、加工、旅游、服务等产业实现集聚集群发展,全面形成特色热带作物产加销、贸工农一体化的发展格局。引导新型农业经营主体发展农业"新六产",推进一二三产业融合发展,通过溢价收购、利润返还、股份分红等多种形式,发挥带农促农作用,带动农民共同致富。

6.2.4 提升品牌形象

举办特色热带作物产业发展大会等活动,巩固提升特色热带作物品牌的知名度和影响力。积极打造品牌形象,推动特色热带作物品牌开放共用、区域品牌与商业品牌相得益彰。重视特色热带作物的质量提升,加大对加工产品、果实、栽培技术等国家标准的制定和完善,注重提升绿色生产水平,强化检验监管力度,完善产品追溯体系。

6.2.5 强化技术支持

加大科技创新力度,加快转变特色热带作物产业发展方式。加快特色热带作物产业科技进步和创新,给农业插上科技的翅膀,健全农业产业体系,积极引导农业"引进来"和"走出去",加快转变农业发展方式。要突出发展特色热带作物现代种业。依托种业龙头企业,培育具有自主知识产权的新品种;要加快智能农业建设步伐,依托农业物联网,尽快实现精准施肥、智能灌溉、智能温室管理;要积极推进国际合作,重点推进特色热带作物产业高端要素集聚平台建设。

6.2.6 推动绿色发展

大力发展绿色特色热大作物产业,全面提升农业可持续发展水平。牢固树立"绿水青山就是金山银山"的理念,围绕农业绿色发展,优化调整产业结构,促进产业链循环,增强绿色农产品和良好生态环境供给能力。要大力推行绿色控害技术,从源头上控制化学农药使用量;要保护耕地数量,提升耕地质量,通过增施有机肥料、微生物肥料,推广测土配方施肥等技术措施改良退化土壤;要全面推广特色热大作物产业节水农业和水肥一体化,提高水肥利用率,因地制宜地推广播前整地、深耕深松土壤、地膜或秸秆覆盖和秸秆还田等农艺节水技术。

6.2.7 强化项目研究

在国家重点研发计划等技术集成与示范类的科技计划中应同步设置效果评价类子课题,用科学的方法评价技术集成与示范类项目的实施效果。为保障农业技术研发与推广的有效对接与效率,搭建专门的农技研发与农技推广服务团队,研发过程中充分考虑技术的实施成本、采用技术的便捷度等因素,为后续进一步推广应用奠定基础,推广过程中将农技传播重点从技术转移到人,推动农业技术在现实应用中的实现。

附 录

附录1 调查问卷

特色热带作物产业链一体化发展模式评价调查问卷(农户)

您好,为了解特色热带作物产业链一体化发展,我们需要了解您的一些基本情况。下面向您提出一些问题,希望您按照实际情况回答。我们的调查答案没有是非好坏的分别,并仅用于学术研究。希望能得到您的真诚合作,谢谢!

调查时间:202___年___月___日   特色热带作物(单选):□胡椒 □咖啡 □橡胶 □木薯

调查单位:中国农业科学院农业经济与发展研究所

调查员填写部分		
调查员:	调查员电话:	农户编号:

说明：本问卷的特色热带作物定义为木薯、胡椒、咖啡、橡胶

A 基本信息

A1 调查地点 _____省 _____县（市、区）_____乡（镇）_____村

A2 家庭成员

2021年家庭成员总数为_____人，其中户口簿在册人数为_____人，劳动力（男16~60岁，女16~55岁）人数为_____人。

2020年家庭成员总数为_____人，其中户口簿在册人数为_____人，劳动力（男16~60岁，女16~55岁）人数为_____人。

2019年家庭成员总数为_____人，其中户口簿在册人数为_____人，劳动力（男16~60岁，女16~55岁）人数为_____人。

A3 家庭成员具体情况

成员序号	和户主关系（编码）	年龄（周岁）	受教育年限（年）	是否干部（1乡及乡以上干部，2村干部，3否）	2021年在外打工月数（月）	2020年在外打工月数（月）	2019年在外打工月数（月）
1（受访者本人）							
2							
3							
4							
5							
6							

与户主关系编码：1 户主本人　2 配偶　3 子女及其配偶　4 孙子女及其配偶　5 父母（含岳父母、

公婆) 6 祖父母 7 其他亲属 8 非亲属（含寄养）

A4 家庭收入

2021 年家庭收入情况

总收入（元）	工资性收入（元）	政府补贴收入（元）	特色热带作物收入（元）

2020 年家庭收入情况

总收入（元）	工资性收入（元）	政府补贴收入（元）	特色热带作物收入（元）

2019 年家庭收入情况

总收入（元）	工资性收入（元）	政府补贴收入（元）	特色热带作物收入（元）

A5 土地情况

2021 年家庭土地情况

承包土地（亩）	其中：耕地面积（亩）	林地面积（亩）	是否进行了土地流转（单选）：□否 □转入 □转出	土地流转面积（亩）	土地流转价格（元/亩）

2020年家庭土地情况

承包土地（亩）	其中：耕地面积（亩）	林地面积（亩）	是否进行了土地流转（单选）	土地流转面积（亩）	土地流转价格（元/亩）
			□否 □转入 □转出		

2019年家庭土地情况

承包土地（亩）	其中：耕地面积（亩）	林地面积（亩）	是否进行了土地流转（单选）	土地流转面积（亩）	土地流转价格（元/亩）
			□否 □转入 □转出		

B 特色热带作物生产情况

B1 是否从事特色热带作物生产（单选）：□是 □否

B2 【若 B1 选 "是" 则跳过该题】除特色热带作物外，还从事哪些农业生产：□粮食 □蔬菜 □水果 □其他

【下表仅木薯种植户填写】

您是否采用下表中的技术（单选）：

BM1 木薯土壤改良与高产栽培技术 □是 □否 BM2 【若 BM1 选 "否" 则跳过该题】您从_____年开始采用上述技术 BM3 【若 BM1 选 "否" 则跳过该题】您为了采用上述技术投入了_____元的成本
BM1 木薯种茎安全处理预防减灾轻简化技术 □是 □否 BM2 【若 BM1 选 "否" 则跳过该题】您从_____年开始采用上述技术 BM3 【若 BM1 选 "否" 则跳过该题】您为了采用上述技术投入了_____元的成本

(续表)

BM1 木薯副产物利用技术　□是　□否
BM2 [若 BM1 选"否"则跳过该题] 您从_____年开始采用上述技术
BM3 [若 BM1 选"否"则跳过该题] 您为了采用上述技术投入了_____元的成本

BM4 木薯种植情况

年份	播种面积（亩）	产量（公斤）	总销售量（公斤）	销售收入（元）
2021年				
2020年				
2019年				

BM5 您目前的木薯每亩生产成本 [没有发生费用的填写0，自家提供的机械等服务按市场价计算费用]

年份	种子/种苗（元）	化肥（元）	有机肥（元）	农药（元）	农膜（元）	排灌（元）	机械（元）	土地租金（元）[若未进行土地租赁，填写本村平均租金]
2021年								
2020年								
2019年								

BM5 您目前的木薯每亩生产成本（续表）

【没有发生费用的填写0，自家劳动力投入也按照平均日工资计入人工成本】

年份	化肥购买量（公斤）	有机肥购买量（公斤）	农药使用量是否比前一年减少	雇佣劳动力（工日）	自家劳动力投入（工日）	雇工平均工资（元/工日）	人工成本（元）
2021年			□是 □否				
2020年			□是 □否				
2019年			□是 □否				

【下表由胡椒种植户填写】

您是否采用下表中的技术（单选）：

B01 胡椒主要病虫害识别与绿色防控技术 □是 □否 [若B01选"否"则跳过该题] 您从 _____ 年开始采用上述技术 [若B01选"否"则跳过该题] 您为了采用上述技术投入了 _____ 元的成本
B01 胡椒水肥一体化技术 □是 □否 [若B01选"否"则跳过该题] 您从 _____ 年开始采用上述技术 [若B01选"否"则跳过该题] 您为了采用上述技术投入了 _____ 元的成本
B01 胡椒病虫害绿色综合防控技术 □是 □否 [若B01选"否"则跳过该题] 您从 _____ 年开始采用上述技术 B02 [若B01选"否"则跳过该题] 您为了采用上述技术投入了 _____ 元的成本
B01 胡椒小型机械化开沟施肥技术 □是 □否 [若B01选"否"则跳过该题] 您从 _____ 年开始采用上述技术 B02 [若B01选"否"则跳过该题] 您为了采用上述技术投入了 _____ 元的成本

(续表)

B01 胡椒连续机械化脱皮技术　□是　□否
B02 【若 B01 选 "否" 则跳过该题】您从_____年开始采用上述技术
B03 【若 B01 选 "否" 则跳过该题】您为了采用上述技术投入了_____元的成本

B04 种植情况

年份	种植面积（亩）	种植年数（年）	开始收获年份（年）	开始收获年份当年产量（公斤）	进入盛果期年份（年）	进入盛果期当年产量（公斤）	本年产量（公斤）	本年总销售量（公斤）	本年销售收入（元）
2021 年									
2020 年									
2019 年									

B05 您目前的每亩生产成本【没有发生费用的填写0，自家提供的机械等服务按市场价计算费用】

年份	种子/种苗（元）	化肥（元）	有机肥（元）	农药（元）	农膜（元）	排灌（元）	机械（元）	土地租金（元）【若未进行土地租赁，填写本村平均租金】
2021 年								
2020 年								
2019 年								

B05 您目前的每亩生产成本（续表）[没有发生费用的填写0，自家劳动力投入也按照平均日工资计入人工成本]

年份	化肥购买量（公斤）	有机肥购买量（公斤）	农药使用量是否比前一年减少	雇佣劳动力（工日）	自家劳动力投入（工日）	雇工平均工资（元/工日）	人工成本（元）
2021年			□是 □否				
2020年			□是 □否				
2019年			□是 □否				

【下表由咖啡种植户填写】

您是否采用下表中的技术（单选）：

B01 咖啡嫁接换种　　　　□是　□否
B02 [若B01选"否"则跳过该题] 您从_____年开始采用上述技术
B03 [若B01选"否"则跳过该题] 您为了采用上述技术投入了_____元的成本

B01 咖啡果皮肥料化利用　　□是　□否
B02 [若B01选"否"则跳过该题] 您从_____年开始采用上述技术
B03 [若B01选"否"则跳过该题] 您为了采用上述技术投入了_____元的成本

B04 种植情况

年份	种植面积（亩）	种植年份（年）	开始收获年份（年）	开始收获年当年产量（公斤）	进入盛果期年份（年）	进入盛果期当年产量（公斤）	本年产量（公斤）	本年总销售量（公斤）	本年销售收入（元）
2021年									
2020年									
2019年									

B05 您目前的每亩生产成本【没有发生费用的填写0，自家提供的机械等服务按市场价计算费用】

年份	种子/种苗（元）	化肥（元）	有机肥（元）	农药（元）	农膜（元）	排灌（元）	机械（元）	土地租金（元）[若未进行土地租赁，填写本村平均租金]
2021年								
2020年								
2019年								

您目前的每亩生产成本【没有发生费用的填写0，自家劳动力投入也按照平均日工资计入人工成本】

年份	化肥购买量（公斤）	有机肥使用量（公斤）	农药使用量是否比前一年减少	雇佣劳动力（工日）	自家劳动力投入（工日）	雇工平均工资（元/工日）	人工成本（元）
2021年			□是 □否				
2020年			□是 □否				
2019年			□是 □否				

【下表由橡胶种植户填写】

您是否采用下表中的技术（单选）：

B01 成龄胶园土壤养护技术 □是 □否
B02 [若B01选"否"则跳过该题] 您从_____年开始采用上述技术
B03 [若B01选"否"则跳过该题] 您为了采用上述技术投入了_____元成本

B01 浓缩天然胶乳加工技术 □是 □否
B02 [若B01选"否"则跳过该题] 您从_____年开始采用上述技术
B03 [若B01选"否"则跳过该题] 您为了采用上述技术投入了_____元的成本

B04 种植情况

年份	种植面积（亩）	种植年份（年）	开始收获年份（年）	开始收获年份当年产量（公斤）	进入橡胶盛产期年份（年）	进入橡胶盛产期当年产量（公斤）	本年产量（公斤）	本年总销售量（公斤）	本年销售收入（元）
2021年									
2020年									
2019年									

B05 您目前的每亩生产成本 [没有发生费用的填写0，自家提供的机械等服务按市场价计算费用]

年份	种子/种苗（元）	化肥（元）	有机肥（元）	化肥购买量（公斤）	有机肥购买量（公斤）	农药使用量是否比前一年减少	农药（元）	农膜（元）	排灌（元）	机械（元）	土地租金（元）[若未进行土地租赁，填写本村平均租金]
2021年						□是 □否					
2020年						□是 □否					
2019年						□是 □否					

您目前的每亩生产成本 [没有发生费用的填写0，自家劳动力投入也按照平均日工资计入人工成本]

年份	雇佣劳动力（工日）	自家劳动力投入（工日）	雇工平均工资（元/工日）	人工成本（元）
2021年				
2020年				
2019年				

附录2 访谈记录*

附录2.1 胡椒访谈记录

访谈地点：海南农垦东昌农场
访谈对象：某胡椒加工厂负责人
访谈时间：2022年1月

（一）关于新技术的推广

问：农户和企业是怎样合作的？

答：我们是近两年才开始做胡椒产品，下一步准备跟农户签协议，通过"公司+农户"或者"公司+合作社"的模式。如果按照我们企业的标准和要求来操作，价格有可能比其他人的高一些。

问：农民对技术的掌握情况怎么样？

答：这里种胡椒几十年了，从1954年开始就种胡椒了。农场职工和老百姓都懂基础管理，比如像病虫害防治这一类的，基本上日常管理都是几代人在管。

问：农民愿意用这些技术吗？还是必须要按照我们公司的要求采用这些技术？

答：公司要自己做基地来才能带动农民，你不做基地，老百姓不听你的。老百姓很实在，他看不到你的效果好，你跟他讲跟我这么干，他不听你的。除非作为一个小基地在那里，胡椒产量提高了，品质提高了，他才愿意跟着我们干。

问：目前大概有多少农户已经采用了新的技术？

答：现在新的技术还没有完全推广，基本上都还是传统的。因为胡椒是长期作物，三年才可以收获。如果管理的好，胡椒可以生存二三十年，正在种的农户不可能拔掉胡椒树，从头按照我们的技术来种植。所以，我们现在推广新的管理模式还得要关注这些新增、新扩种的农户。

问：胡椒可以生长多少年换代？几年开始挂果？

---

* 说明：为保持访谈记录的原始真实性，本附件就录音和现场访谈进行了真实再现，其中部分口语化表达及语气性表述均进行了保留。

答：管理的好，二三十年都没问题，三年开始挂果。

问：现在有新增或新扩种的农户完全采用我们的技术吗？

答：还没有，因为近几年的土地很少，农户都还是用原来的土地，所以我们现在也推广。就是说老叫人家要更新，更新换代了就也推广。

（二）关于企业的技术改进

问：它生产季有多久，它能开多长时间？

答：就采摘期两个月。其他时间没有补，其他时间没有过。现在我们也跟XX公司合作，做一些代工干果或者是烘干，所以我们也跟他提了一些建议，怎么去完善提升整个线的利用率。要不你就投资这么多钱，就两三个月是吧？闲置时间太长，也浪费。

问：这一套生产线多少钱？

答：这一套包括污水处理大概800万，污水处理设备比较昂贵，价值两三百万。

问：我们这次用的是新的加工装备吗？

答：这个是19年他去年又搞了一套小的设备，也是按这个来缩小版的。

问：我们能估算出产值和成本吗？比如产值能有多少，或者是成本能下降多少。

答：都可以测算出来。胡椒一年就两三个月，做试验来不及，一旦错过这个季节，再做试验就很啰嗦。所以我们当时也考虑把胡椒放在冷库里面，但是放在冷库里面效果并不好。

（三）关于种植和加工技术

问：我们现在主要跟农户培训的是哪些内容？

答：主要是种植管理这一块。

问：这些新的机械化技术，能推广到农户吗？

答：一些小型的机械化设备能用到农户那边，但是可能有点难推广。因为它也是产生废水，所以你要是说一个单位、一个村庄或者一个村委会，你要搞一个，但是你又要配套污水处理，所以这东西可能我们还得慢慢琢磨怎么收集。

问：采收机器呢？

答：没有采收机器，都是人工采摘。

问：这些机械都是订制的？

答：是的，都是订制的。我们想好第一步怎么做、什么流程、具体用来做什么，然后再去让厂家帮我们配置。

问：海南生产胡椒的厂商多吗？

答：不多。都是小作坊，基本上都是人工，目前我们规模最大，而且也能算作机械化。我们农场也是种胡椒很多年，但是真真正正来做胡椒，也就是近几年。

问：是成立了一个公司自己来去经营，自己开垦、种植吗？

答：实际上我们开垦行，比如说我们胡椒原来是这样种植的时候，它是有一个我们叫一行，一行的话一般是沿着行去种植。胡椒是一种藤本植物，它爬在树上的蔓，然后把它经过繁育以后长出根以后，底下面长出根以后就是它苗，所以它苗种的时候它是没有主根的，我们种的时候是斜着种进去的，所以它有一个头，我们种的时候一般是沿着拢，沿一个方向种。原来那个方式施肥都是靠人去施，还比较窄，人去挖沟然后把肥施进去，这样再埋起来，这个方式的话肯定耗人工率比较大了，所以我们就进行了改革，改革了的话把它头给它朝向宽行，然后这边应该还有一行，这行应该是窄行跟它贴的近一点，然后把它的头原来朝这个方向给它改成这个样，这边也是很好朝这个方向，这样我们继续从中间过去。然后我们研究的机械的话专门针对胡椒的，我们是一行过去，可以开两行，挖开两行过去，然后可以实现松土、施肥，然后回土一体这么一个技术，本来原来在这块地上面进行试验，这块地的话它已经种下去了，所以就没有试验，但是后面我们跟他们商量，通过这种方式把这个解决了，因为松土施肥占到胡椒的人力投入的是30%，另外可能有50%左右是采收的，其他的环节投入的成本就比较低了。所以我们现在通过这个项目主要是解决施肥这个环节的问题。

问：每年都要松土施肥吗？

答：每年都要松土，并且至少施一次有机肥。因为它是多年生的，一个周期一次，大概是10个月左右就要松一次土，然后施肥的话一年要施3~4次。施化肥或者水肥主要是通过这个管道，所以施肥是比较关键的。另外，为什么要松土呢？因为胡椒没有主根，它是拿插条来繁育的，所以它的自我生长能力很弱，一旦碰到土壤板结的话，它就长不了。所以我们应该通过松土的方式给它扩根系的空间，这样它根系生长起来就比较宽松一些，产量也会特别高。

这么说来，一亩地是130株左右一个人肯定干不了。老百姓一个人一天可以施肥30株左右，也就是开沟把肥挑过来搅好倒进去，然后再回土，一天可能30株左右。但是我们机械的话可能几分钟过去就结束了。

问：你们有这种测算数据吗？

答：一个基本的数据。我们针对种植密度较高的传统种植模式，也研发了一种小型的手推式的机械，它也是分垄式的。它也是上面有一个斗是施肥的，用来装经过粉碎的有机肥，还有一个松土的钻，可以实现施肥松土一体。但是我们需要进行一个基地改造，因为这个基地原来是不平的，需要把它改造平坦一下，然后通过性强一点就可以了。两种方式现在都可以去做，那种方式也可以做。

附录2.2 橡胶访谈记录

访谈地点：海南儋州新盈农场、海南儋州那大
访谈对象：某科研人员、某橡胶加工厂负责人
访谈时间：2022年1月

（一）关于技术示范

问：这种示范模式是什么样的？有老百姓种吗？还是都是农场？

答：像我们这个是这种模式，我们正常都有不同的品种，种植模式不一样，像我这个是小的小苗了，我们小种苗是这种就形成的。这种之后回收，口径是上口径大概8公分，下口径2公分，育苗容器的高度大概在36公分。我们这个项目是推这种苗木类型，因为比较轻便，尤其在云南。这个项目里面没有云南，但是我们这个成果在云南有推，今年服务一线1亿的时候，我们在云南种了300多。

问：周边百姓有跟我们学这个技术吗，还是都以农场为主？

答：农场为主。因为在试种示范，我们建核心区一般要大片的地，都会跟农场合作，然后农户的话他们会去找我们买苗。我们不仅有科研基地，还有示范基地，生产基地。

问：农户买苗后是按照我们的模式种植，还是按他们自己的模式种植？

答：农户他就是乱糟糟的了。我们主推的不是这种模式，我们这个项目做的我们主推是这种苗木类型，不是这种种植模式，但是海胶它自己有

自己的更新，它更新地它自己有自己的规划。

问：除了这种苗应该还市场上还有别的苗？

答：正常的代苗，我们正常就生产上是做代育苗，等会去基地就可以看了。因为大概我们整株苗也就是一斤到一斤半，然后正常我们生产上推的大概就是五六斤，有的甚至七八斤都有，种植的时候就会省很多工。现在我们去跟人家农户讲的是如果我们一人端一架子出去的话，可以种32株，基本上就可以种一亩地，如果它正常那种代苗的话，他一个人可能也就是七八株十来株。定时的时候效率就会提高很多，首先运输这块你是肯定会提高，但是劳动强度也没有那么大了。

问：那么现在我们推广的农户多吗？现在还有人去新种？

答：农户他们新种他们还是会去找我们买，但是他们百十来株那种，我们一般什么就是他一个一家一户，他也就是百十来株甚至几百株。

问：你育出一个新的品种得多长时间？

答：育出一个品种，传统的这种育种过程，整个生产周期基本上然后中式小式中式中推大推能够推的一个品种出来，30多年了。

问：除了示范培训，还有什么新手段推广这个新品种吗？

答：有一个推广体系，先在各个试验站、各农场铺开，再有种植大户、附近种植小户过来学习；我们每年也会有培训任务，对这些有需求的种植户、农场等进行培训，他们有技术问题也会咨询我们。

（二）关于加工技术创新

问：这个厂的建筑风格看起来比较老，里面设备都是老设备吗？

答：是的，好几十年了。我们刚才介绍鲜乳的收集池，圆谷这个位置是我们这次课题的一个重点，这一步叫离心沉降，这个东西叫离心沉降器。鲜胶水的离心沉降，把它的杂质去除了很大一部分，我们通过对这一环节的把控，掌握了在不同流量情况下能最大程度的把胶渣提取得更彻底一点。接下来的流程就是通过凝型沉降器凝型后将胶渣提取出来，下一步让胶水流进罐车的罐中，罐车满了之后就会有压强通过管道往沉降池里运送，在沉降池中沉降一晚上，再通过离心机进行离心，这是我们自己开发的一台自动排渣的离心机。然后就是加入稳定剂和保存剂调整胶乳的稳定性，通过这个过程来延长离心机的运作时间，正常的离心机大概是两个小时，有的时候一个半小时就要拆机洗机，这个过程很费时费工，这是一个需要我们着重改进的地方。我们通过离心沉降去除了很多的杂质，最大程度上优化了胶乳的品质，然后输送到沉降池进行沉降，离心沉降完再进行一次沉降，相当于二次沉降，这样胶渣就会少很多。

问：两次沉降都是为了除杂质吗？

答：对，为了除杂质，因为这个胶乳里面它有很多的非胶组分、淀粉等杂质，正常来说是没有我们这两道工序。我们利用了离心增压器的最大效益，加了保鲜剂这道工艺，保鲜剂的作用是能够最大程度延长沉降的时间，因为这个胶乳不能放太长时间，再加了一些稳定剂，稳定剂的作用一个就是它能够起到稳定胶乳的作用，加速将重的杂质往下沉降，也会起到延长离心时间的作用。正常来说，在没有进行方法改进之前，大概是1个半小时到2个小时就要对离心机进行拆机洗机，如果一个半小时不拆洗，就会出现堵机现象，而且离心效率也会差，会出现胶渣堆积的状态。拆机洗机这一套流程大概需要40分钟到1个小时。经过工艺调整之后，大概是4个小时才拆机洗机，提高了效率。

问：离心沉淀出来的这些杂质还能重复利用吗？

答：我们把它放到杂胶池里面去做杂胶，杂胶里面还是含有一点胶的。离心完就是浓乳，加入转氨剂，经过反应成低氨的或者是无氨的胶乳，放进浓乳池中，加入液氨，起到保鲜作用，利用浓乳搅拌器进行搅拌。而重橡再流入下面这一排排沟中凝固成胶清胶。经过离心机离心后，轻橡比较轻，会往上流到胶乳池中，重橡中水的含量比较大，流到下面重橡池中，之后凝固完就成胶清胶了。之后就是乳胶出库，我们使用乳胶泵将乳胶压进罐中，后来我们新建了一个200吨容量的储胶罐，用来储存浓乳，另外一边是胶渣存放的地方，后面都要做成杂胶，虽然便宜点但也可以利用。

问：杂胶一般是用作什么的生产原料？

答：一些附加值比较低的产品，比如鞋垫、拖鞋、自行车轮胎、减震垫等等。这些产品用的胶可能就没有那么高的要求，反正一般低端的东西都会用这些破胶，因为便宜，而且它的技术性要求也没那么高。后面将这些杂胶凝固好了之后去用压薄机压薄，压完之后用压片机进行压片，到洗涤池里面洗，它凝固完之后很厚，用压薄机压薄之后再续到这来，继续二次压薄，压完之后进行造粒，就说这个胶清剩下的一点胶就是这么利用，造完粒之后输送进这个火炉进行烘干，最后出来就是颗粒。

问：那个离心环节和浓乳提炼环节是属于专利吗？还是属于某种类别

的创新？

答：这应该算是一个工艺操作的创新，是对生产工艺改进，对设备的话没有进行太大改进。对整个生产工艺进行一个改进，包括离心沉降，其实正常生产上也会有，但是它跟我们不一样，因为我们后边还加了我们独有的保存剂和稳定剂，HY 保存剂是我们自创的低氨保存技术，这个的技术评价是在国际领先的。

问：我们这个技术有没有向外推广还是目前就我们自己应用？有推广的计划吗？

答：没有，两次沉降的技术还没有推广。这个现在还应该是在研发阶段，因为这个设备是刚刚进来的，之前老的设备，都是六七十年代那种技术，都是老技术，像这些设备都是很老的、以前的设备。

（三）关于新技术的成本效益

问：成本增减的情况是怎样？

答：成本没有增加很多，基本上没有增加，效率提升得很明显。

问：你们有测算它对产力产量的影响吗？比原来的产量要高多少？成本降了多少？

答：这个都没有细算，但是一个机器一小时能离心 300 公斤胶，我们有 6 台机器，就是 1.8t，1.8t 的话基本上每天都可以节省一个小时左右的时间出来，这就大大提高了效率。而且减少了那些清洗的人工成本，正常要洗机两轮，现在只洗一轮就可以。

问：这个和前端橡胶生产、种胶、取胶环节的关系大吗？

答：没有太多的影响，割完胶就运送到这里。

问：工厂机器闲置期一般是多久？工厂工人停割期间怎么安排？

答：闲置 4~5 个月，停割时间就 12 月停到 4 月，一般 4 月这段时间就是维护保养。不生产的时候工人也是停工，正常会有人在这值班。

附录 2.3　木薯访谈记录

访谈地点：海南儋州那大
访谈对象：某科研人员
访谈时间：2022 年 1 月

（一）关于新技术的推广

问：繁殖的效率，指的就是我们出苗的效率吗？

答：不是。一般用来种植的种茎都是成熟的，它已经木质化了。木薯就是利用种茎来种植，因为木薯属于一种无性繁殖的作物，用种茎能种，种子也能种，但是木薯种子有性分离比较严重，就不能保证父母本的性状能够完全的遗传下来，并且种茎高度是有限的，因为你只取木质化的，上面的那些嫩茎枝基本上没用，它也种不活。

问：刚才您提到的这个已经推广到农户那边了吗？

答：是的，已经推广到农户那里去了。

问：木薯的种植区域是在哪里？

答：主要是在广西，海南基本现在没有什么木薯。收入价格太低了。

问：那我们如果再去调研，去推广农户应用层面的话，应该要去广西那边吗？

答：要去广西看，因为我们这里这些都是很成熟的技术。

问：那这边种苗圃都还要运到广西去，还是他们那边有基地？广东也有一些吗？

答：他们有他们的种苗，有他们的繁育基地，有他们的基地。我们这边主要是做实验，进行技术研发。广东少，主产地是在广西。

问：我们下次在广西预计是什么时候可以再有这种大范围的培训？

答：我们预计3月份会去广西做培训。

问：我们现在推广的模式是什么？农户是按照企业要求种植的吗？

答：农户有需求，公司、企业有需求。不是，企业并不关心农户怎么种，而是只管加工。品质上只是要求木薯过一个地磅，然后会有机器会测出它的含粉率。但是说农户种得好的话，卖的价格自然就高，总之企业不管你怎么种，你一亩地种两颗他也收。

问：含粉率跟品种有关吗？

答：肯定跟品种有关系的。品种决定它的上限，栽培只能辅助提高它的下限。

问：对于农户种出来之后是卖给特定的淀粉厂吗？广西那边有很多加工厂吗？

答：以前非常多，现在少了，效率低。但是对于淀粉的需求什么时候都需要，因为我们有一些边贸政策，泰国、越南的这些国家木薯的价格就比我们国内的便宜。现在广西收木薯的价格也慢慢会达到以前的顶峰，一吨800元左右。

问：像咱们去加纳那边去推广是拿种还是拿茎秆去？去的话主要是从加工的角度，还是从什么角度？

答：不用带茎秆去，他们那边有木薯。主要是加工和栽培管理，因为非洲木薯是两种病，在非洲有他们的花叶病很严重，因为我们国家是没花叶病的，花叶病对木薯相当于是癌症，所以我们拿我们的茎秆去不耐病也活不了。

（二）关于新技术的知识产权保护

问：那茎秆怎么保存呢？

答：就一根杆，然后去把它卸下来就行就往里埋，把它收获，然后把杆绑好，然后保存在一个阴凉的地方，让它不要发芽，因为就算是放地上，它也会发芽的。不发芽的话，它的茎秆活力还保存着。所以我们一般也就是三四个月时间，就算出芽也是会出的少一点，但出芽以后那一段的活力就不太行了。

问：这样的话知识产权是不是很难保护？

答：我们一直都提倡，对我们这个东西怎么去保护。很难保护，弄过去之后它就可以种。

问：所以我们要把种子，种子是技术。

答：总之我们现在种子也可以种，种子它的后代分离比较严重，就是说它原来这个品种可能是紫叶的黄叶的或者产量得到多少，但是它杂交出来的后代不一定有它的表型，分离的很严重，有可能保存一个，有可能多出来另外一个，没法估计。

附录2.4 咖啡访谈记录

访谈地点：云南保山隆阳

访谈对象：某咖啡加工企业负责人、某咖啡种植户

访谈时间：2022年7月

（一）关于新技术的示范推广

问：这个基地生产过程有使用这个项目推广的技术吗？

答：有啊，包括品种、病虫害防治，我们经常搞培训来推广这些技术，比如那个晾晒架。

问：这个技术最近两三年效果怎么样？经济效益怎么样？

答：效果方面主要是提高了产量和质量，质量好了价格就提高了；经济效益方面，今年是亏损了。

问：这个技术是怎么改进生产方式保证产出质量提升的呢？

答：一个是采购要现代化，完全是全红果的；另一个是加工过程精致化，过去晾晒就在地上乱晒、乱踩，现在通过技术改进，使用晾晒架后，品质就提高了。

问：当初这个项目提供了嫁接转种、果皮肥料化利用技术，还有哪些技术？

答：它是一系列、一体化的。从种植到加工全部都有，包括从平整地、栽培到初加工、深加工。

问：还有基质培育技术，育苗的苗是哪里提供的？

答：苗要看情况。老基地就是以肥水管理、精细化采摘加工为主，新种咖啡就是从品种育苗到开采到定制全套，根据不同的基地和用户需求，因地制宜使用，不是所有技术都去使用。

问：那绿肥间套种技术呢？

答：这个也不是全部使用，现在这个基地老咖啡都长满了，没办法间种，这个技术是针对幼龄咖啡园，另外一个基地有使用。

问：还有一个是低毒药剂筛选技术？

答：我们发现这个是违规的，国家禁止，所有的农业都不能用，现在草甘膦都不能用，只用草铵膦了。

问：这个基地主要示范的是什么？

答：主要是根据客户需要，推广一些技术培训。比如肥料怎么配方、如何使用、什么时候施肥；再比如怎么采果、怎么加工，加工有分日晒的、蜜处理的以及干法的等，这些都要教他们。另外根据不同的客户需要，可以加很多种类水果发酵，这个也是一种方式，关键是要根据客户需要。果皮肥料化和嫁接转种技术主要是在另外一个基地。

问：嫁接转种技术是针对的小苗吗？成熟苗还能嫁接吗？

答：不是，嫁接转种技术是针对老树。有的老树品种不好，我们要改造出新的品种，嫁接了以后它就会长出小苗，子生子，不用砍树就把品种更新换代了。

问：嫁接转种技术有推广到农民吗？

答：有推广到农户，有的农户会采用这种技术，但不太多。因为还没投产,而且嫁接的小苗也要两年。

问:现在这个精品豆只有这个公司在做,还有示范推广吗?

答:好多农户在跟着做,全省平均精品率是8%左右,保山是30%多。普通豆价格在二三十块,精品豆有五六十块,甚至品种好的是一两百块。普通豆价格低,能保本就不错了,所以不走精品化是不行的。但是走精品化需要有一定的条件,首先从鲜果开始每个环节你都要把握好。

问:这个基地本身示范推广的效果体现在哪?推广的功能是怎么体现?

答:首先最基本的是提高经济效益。我们先研究出来示范种植,产生经济效益后,周边老百姓看见我们是怎么做、怎么赚钱的,就过来学习,基本推广面能覆盖方圆20公里。

问:从哪年开始种精品咖啡的?

答:精品咖啡是7年前。以前我在外边那个咖啡厂,不是借租外面那个咖啡厂了吗,一开始去做这些。第一个在前头做这个精品的,我跟他在一起打工时就见过。

问:精品和普通的主要区别是什么?

答:第一是肯定要选种好的品种;第二,在裁整的时候都很认真,红树、果树不要,都是要挑鲜红的,刚刚在树上鲜红的果子,然后到在脱皮之间的发酵过程都很认真,采摘过来的咖啡,不可拖延,当天采来,当天就加工,脱壳的脱壳,发酵的发酵。

问:政府的农技推广站,在里面能起到什么作用吗?

答:我们合作的方式比较多,总体上我们是"科技+企业+农户","科技+农科站+地方农户",还有"科技+村委会+农户"多种形式,不是的单一模式,每个地方效果都不太一样,都有差异。从理论上来说直接带动企业会好一点,企业它是主体,是直接经营,相对要好一点,直接带动农户的话,农户还得再去找企业,农户自己做不了。就跟企业合作比较多一点,因为这个企业再大,这些种植园也是通过农户方来管理,怎么施肥、打药、修枝、采叶、加工,无形当中把技术扩散给农民。

(二)关于企业的技术改进

问:这边基地的加工技术有什么改进吗?

答:主要体现在三个方面。第一,过去是发酵脱胶,就靠自然温度发酵脱胶,温度低也可能八、九个小时可以干净脱胶,温度高两三天都洗不掉，我们推广机器脱胶技术，经过泡、晒，几分钟就能完成脱胶；第二，过去是在地板上晾晒，下雨也不管，现在改进为晾晒架，又干净又卫生，这也是改进的地方；第三，过去是以单一的水洗豆为主，到现在已经有日晒处理、蜜处理等。

（三）关于种植和加工技术

问：咖啡豆的生产是季节性的吗？

答：这个鲜果是季节性的，就是三四个月，从11月到4月这个阶段。但豆一年四季都有的，因为干豆可以储存起来。

问：基地这边的品种和国外的小粒咖啡，有什么区别？这边品种的特点是什么呢？

答：从大类来讲都是小粒种，但是从品种来讲，国外是卡蒂姆多一点，越南是中粒种。我们云南属于高纬度高海拔区，最大的特点是光照重组，昼夜温差大，然后白天光合物质多，晚上低消耗少、积累多，所以咖啡的水果甜味足，果酸味浓，香气足，三句话概括就是"浓而不苦，香而不烈，略带果味"。

问：现在还做不到机器自动筛选和品质保证吗？

答：那个脱壳抛光机是可以。脱壳抛光有重力分拣、淋湿分拣、色拣，能实现生产线智能化，从除尘、除杂、脱壳、抛光、重力分拣、淋湿分拣、色拣到包装机械化，是定量包装智能化，自动按质量分类，可以分五六级。但这个机器成本太高，普通农户买不起，只有大企业能购买得起。小农户、小企业是以卖带壳的为主或者晒干的带壳的干果。杯品分级还有10项指标，每项10分加起来100分，如果达到80分以上就算精品。

问：这个分级是由谁来评定？

答：专门有第三方，采购方面必须要杯品的，好的才买。首先味道要好，然后要测你出米率多少，要测水分多少，然后脱壳抛光分级以后按价格购买。

问：不同品种、品质之间价格相差多少？生产有特殊要求吗？加工工艺差别大吗？

答：评分80分以下，价格在30元左右，80分以上价格在50~60元，如果是其他的品种比如波邦、铁皮卡，可以卖到100~200元，瑰夏是卖到800~1 000元，越好的鲜果、干豆越好卖。除了品种有差异，还有加工差异，一个是按精细化加工，一个是乱采的。所以普通农户在逐步提高品质,按精品加工逐步生产;企业的产品也是不断多样化的,比如原来卖原料的慢慢开始搞烘焙,学习日晒、蜜处理技术,口味也多了,现在有百香果味、火龙果味、鹅肝味等多种味道。

问:质量分级一般是分几级?

答:普通豆分成三级,80分以上一级,70~80分一级,70分以下一级。但现在又弄出了一个精品咖啡标准,80分以上又分成三级,80~85分一级,85~90分一级,90分以上一级。采购方来采购时还要请第三方来测评。

问:在生产环节除了不施化肥、不打农药还有其他改变吗?

答:就是在加工,主要是管理种植方面。

问:不打农药是如何治虫、除草的呢?

答:有点那个蚧壳虫,其他都不多,那个品种就叶锈病,也不多。治虫的话,不是过去一片都打,现在是有几颗就打几颗,又省药水。或者如果瞄见幼虫,一般找到树干就把它锯掉,然后搬到路边烧掉;除草的话,好多人都是用镰刀割,因为本身长草都是小面积的。

问:咖啡枝条修剪是自己来干吗?那18亩要多久才能修完?

答:对,直接就自己干了,大概10多天。我们自己闲的时候去弄一下,几天就弄完了。只要平时经常弄,年年都这样弄,其实也没有多少,你要说弄几年,就有很多。

(四) 关于企业和农户的情况

问:公司这边的基地现在一共是多少亩?有自己的品牌吗?除了加工,还有做其他产业吗?

答:这里一共差不多2 000亩,有自己的品牌叫盐咖,包括种植、初加工、深加工、销售、电商一体化。销售电商的话,主要是在淘宝平台上做,线下也有售给保山那边的咖啡店,有B2B也有B2C的。

问:这两年受疫情影响大吗?

答:对咖啡影响是没有,就2020年的时候可能受过影响,那时候物流影响比较大,今年主要是化肥涨价,这两年涨得很厉害,一个是化肥涨价,一个是人工涨价。

问:那您当时是有什么亲身的感觉?就是咖啡价格最不好的时候,您那会也是想砍了?

答:想砍了的,都说种咖啡收入会比较好,但农民就靠土地嘛,要经过各级政府、村银行、村支书，才愿意解决政府的宣传、沟通和交流功能。

问：那后来砍了之后你们种什么？其他村子都砍了之后种什么？

答：我们砍了之后都种蔬菜了，其他村都是种水果。

问：那当时你是怎么被转化的又不想砍了？

答：还是跟我们天天在看电视有关的，京东这些说咖啡是世界三大饮料之一，我们一听咖啡能影响到世界，我就觉得种好咖啡应该也是值得的。还有一个是我们对它也确实有一种感情，因为我们在懂事的时候，就开始种咖啡了。上一代就种咖啡，我们已经是"咖二代"了。

问：你自己家里有这个设备吗？还是合作社？

答：今年我们统一都是合作社整的。

问：就是你收上来之后当天就给合作社加工吗？

答：以前合作社加工是免费的，后面又不称重了。我们一般还是在家自己加工。

问：那您也都买了那些设备吗？

答：买了，几乎每家每户都有。